Sunil Kumar Mahla
Dr. B.S. Chauhan

Investigações sobre combustíveis HHO e DMM em modo de combustível duplo

Sunil Kumar Mahla
Dr. B.S. Chauhan

Investigações sobre combustíveis HHO e DMM em modo de combustível duplo

Caraterísticas de desempenho e emissões de um motor bicombustível que utiliza gás HHO e misturas de DMM-diesel como combustível piloto

ScienciaScripts

Cover image: www.ingimage.com

This book is a translation from the original published under ISBN 978-620-2-31030-7.

Publisher:
Sciencia Scripts
is a trademark of
Dodo Books Indian Ocean Ltd. and OmniScriptum S.R.L publishing group

120 High Road, East Finchley, London, N2 9ED, United Kingdom
Str. Armeneasca 28/1, office 1, Chisinau MD-2012, Republic of Moldova, Europe
Printed at: see last page
ISBN: 978-620-8-11699-6

Conteúdo

Capítulo 1	**2**
Capítulo 2	**19**
Capítulo 3	**28**
Capítulo 4	**31**
Capítulo 5	**44**
Capítulo 6	**58**

Capítulo 1

INTRODUÇÃO

No centro dos debates em curso sobre a segurança energética e as questões relacionadas com as alterações climáticas globais estão as difíceis questões inerentes ao considerável sector dos transportes de veículos ligeiros. Ao contrário da maioria dos outros sectores, no sector dos veículos ligeiros existem muito poucos substitutos economicamente viáveis para a fonte de energia dominante: a gasolina. As preocupações com a dependência das importações de gasolina de regiões instáveis do mundo, bem como as potenciais consequências negativas das alterações climáticas globais decorrentes das emissões de dióxido de carbono da gasolina, motivaram um vigoroso debate político sobre vias alternativas para o sector dos transportes em veículos ligeiros. O advento dos veículos híbridos gasolina-eléctricos deixa uma oportunidade considerável para melhorar a economia de combustível da frota de veículos ligeiros sem uma mudança para uma nova tecnologia radical. No entanto, várias tecnologias são promissoras para alimentar os veículos com matérias-primas com menor teor de carbono. Em particular, tanto o hidrogénio como a eletricidade (por exemplo, em veículos eléctricos a bateria) podem ser utilizados como *vectores de energia*, nos quais a energia pode ser gerada a partir de uma variedade de fontes, incluindo fontes com baixo teor de carbono, e armazenada como eletricidade ou hidrogénio para eventual utilização na alimentação do veículo. Por exemplo, o hidrogénio pode ser produzido através de matérias-primas tão variadas como a gaseificação do carvão, a reforma a vapor do gás natural, a eletrólise utilizando eletricidade solar ou eólica, ou a dissociação direta na produção de energia nuclear. A alimentação de um veículo utilizando uma destas fontes de energia produz poucas ou nenhumas emissões de dióxido de carbono pelo tubo de escape (por exemplo, o produto da combustão do hidrogénio com o oxigénio é a água). Isto abre a possibilidade de grande parte do sector dos transportes funcionar com energia derivada de fontes com baixo teor de carbono, atenuando um dos principais obstáculos à redução das emissões de dióxido de carbono e das importações de petróleo. A transição da madeira para o carvão alimentou a revolução industrial nos séculos XVIII e XIX e a transição do carvão para os produtos petrolíferos, uma mudança do combustível sólido para o líquido, contribuiu para o desenvolvimento tecnológico sem precedentes que revolucionou os padrões de vida na segunda metade do século XX. Os combustíveis fósseis densos em energia, incluindo o carvão, o petróleo - o combustível mais cobiçado que alguma vez foi descoberto, o óleo de xisto, as areias betuminosas e o gás natural - são compostos orgânicos minerais incrustados na crosta terrestre. De acordo com a teoria biogénica, formaram-se como resultado da transformação de resíduos biológicos sob alta temperatura e pressão durante milhões de anos.

1.1.1 Veículo normal V/S veículo híbrido

A palavra híbrido é definida como "uma unidade funcional na qual duas ou mais tecnologias diferentes são combinadas para satisfazer um determinado requisito". Os veículos híbridos podem ser definidos de muitas maneiras, mas apresentam-se a seguir algumas definições selecionadas:

- "Um veículo híbrido utiliza duas fontes diferentes de energia de tração, por exemplo, um combustível fóssil e eletricidade que, em conjunto ou um de cada vez, podem ser utilizados para a propulsão do veículo."

- "Um híbrido é algo que tem dois tipos diferentes de componentes que desempenham essencialmente a mesma função. Neste caso, trata-se de uma máquina eléctrica e de um motor de combustão que, em conjunto, ou um de cada vez, fornecem a potência de tração ao veículo."

- "Um veículo híbrido ou um veículo híbrido gás-elétrico utiliza uma mistura de tecnologias como motores de combustão interna, motores eléctricos, gasolina e baterias. Os automóveis híbridos actuais são movidos por motores eléctricos alimentados por baterias e por um ICE."

A diferença entre um veículo híbrido elétrico e um veículo convencional é a capacidade de os veículos híbridos combinarem duas ou mais fontes de energia, em comparação com o veículo convencional que apenas utiliza uma. Normalmente, os híbridos utilizam uma reserva de energia secundária para armazenar energia, direta ou indiretamente produzida por uma unidade de potência primária, PPU. Normalmente, a PPU é um motor de combustão interna, ICE, ou uma célula de combustível. A energia eléctrica armazenada nos amortecedores é utilizada quando necessário pela(s) máquina(s) eléctrica(s) utilizada(s) como actuadores. O VHE pode ser configurado de várias formas, com diferentes configurações e tipos de PPU, armazenamentos de energia, amortecedores de energia e caixas de velocidades. A intenção é melhorar a economia de combustível, as emissões ou o desempenho, para ser exato, pretende-se uma otimização destes aspectos. Esta otimização exigirá um controlo avançado do grupo motopropulsor. O grupo motopropulsor do VHE não está limitado a um combustível especial e pode, portanto, ser utilizado com qualquer combustível, tanto fóssil como renovável, como fonte de energia primária.

1.2 Necessidade de combustível alternativo

Ao longo de muitas dezenas de milhões de anos de processos biogénicos, a natureza armazenou grandes quantidades de energia solar em excesso sob a forma de compostos orgânicos minerais. Estas substâncias incluem o carvão, o petróleo, o óleo de xisto, as areias betuminosas e o gás natural. Quando a perfuração comercial de petróleo começou na Pensilvânia, em 1859, com uma produção diária de 15-20 barris por dia, o mundo tinha uma reserva de petróleo equivalente a cerca de 1,8 biliões de barris. Atualmente, restam-nos cerca de 0,9 biliões de barris de petróleo e a procura mundial de petróleo é de aproximadamente 105 milhões de barris por dia. Juntamente com o aumento da população mundial, 10 mil milhões em 2050, e a modernização do mundo, prevê-se que a procura global de energia duplique até 2050. É claro que se podem fazer os cálculos lineares para estimar quanto "tempo" nos resta, mas isso é apenas parte do problema. O petróleo que consumimos até à data era o petróleo relativamente fácil de obter, ou seja, grandes lagos de petróleo à superfície ou relativamente perto dela. Uma vez que o petróleo de fácil obtenção desapareceu ou foi contabilizado, o consumo de energia para a extração de novo petróleo continua a aumentar; em alguns casos, a energia necessária para obter um barril de petróleo representa 50% da energia inerente ao próprio petróleo. Assim, em vez de um esgotamento completo do petróleo remanescente, a paragem da extração de petróleo torna-se uma questão de economia quando a energia gasta na obtenção de petróleo se torna significativamente mais elevada do que a energia produzida pelo combustível. Tendo em conta as crescentes dificuldades económicas e tecnológicas na obtenção do petróleo remanescente, qualquer previsão realista da sua duração não iria além de várias décadas. No entanto, do passado para o presente, o tempo de vida dos poços continua a diminuir significativamente. Aparentemente, a migração lateral do gás natural deu aos primeiros poços, em comparação com os poços modernos, tempos de vida muito alargados; é com base nos tempos de vida destes primeiros poços que as nossas reservas totais são estimadas. A reserva de carvão é estimada em 9,1 x 1011 toneladas e o consumo anual é de cerca de 5 x 109 toneladas. Embora se estime que o mundo tenha cerca de 250 anos de energia "livre" (carvão para 250 anos, gás natural para 60 anos, combustível nuclear para mais 200 anos à taxa de utilização atual) de reservas economicamente recuperáveis, o diabo está sempre nos detalhes. À medida que uma fonte se esgota, outra sofrerá taxas de consumo mais elevadas, o que, por sua vez, conduzirá a um esgotamento mais rápido. Há também as perdas imprevistas, como incêndios em minas de carvão, incêndios previstos em poços de petróleo devido a guerras ou sabotagem de oleodutos.

1.2.1 Algumas razões para procurar um combustível alternativo

O mundo está a enfrentar os seguintes problemas relacionados com a utilização de produtos petrolíferos:

a) Preço elevado dos combustíveis derivados do petróleo

b) Aumento da procura mundial

c) Impostos federais mais elevados

d) Crise energética

e) Extinção dos combustíveis fósseis

f) Poluição ambiental

g) Regras rigorosas em matéria de emissões

1.2.2 Diferentes combustíveis alternativos

a) Gás de petróleo liquefeito

b) Biogás

c) Gás natural comprimido

d) Biodiesel

e) Hidrogénio gasoso f) Acetileno gasoso g) Metanol h) Etanol

1.3 Motores Diesel de Combustível Duplo

Num motor de combustível duplo, são utilizados dois combustíveis em simultâneo. O combustível primário, que é um combustível alternativo, está a utilizar a maior parte da energia total fornecida ao motor. O combustível secundário ou combustível piloto (geralmente gasóleo) é utilizado para iniciar o processo de combustão. O combustível primário é introduzido juntamente com o ar durante o curso de admissão. O combustível secundário, que é o combustível piloto (gasóleo), é injetado de forma normal após a compressão da mistura primária combustível-ar. A alteração da quantidade de combustível primário gasoso adicionado ao coletor de admissão controla normalmente a potência de saída do motor. As duas principais vantagens do sistema são a possibilidade de os motores existentes serem equipados com duplo combustível, sem grandes modificações, e a flexibilidade dos motores de duplo combustível para voltarem ao modo de gasóleo puro, se e quando necessário. O motor bicombustível apresenta também uma maior eficiência térmica, menores emissões de escape e melhores caraterísticas de binário em relação à velocidade. Os motores de duplo combustível permitem uma taxa de compressão muito mais elevada do que os motores S.I. devido à pequena distância de propagação da chama e à curta penetração das partículas de combustível em resultado do grande número de núcleos. No caso dos motores de duplo combustível, a combustão também se torna mais complexa. A combustão difusiva do gasóleo e a combustão homogénea do combustível gasoso podem afetar-se mutuamente durante a combustão. É muito difícil compreender a natureza exacta da combustão num sistema de motor bicombustível em que dois combustíveis ardem quase simultaneamente a taxas de combustão diferentes. O principal problema surge nestes sistemas principalmente devido à má utilização do combustível induzido a cargas leves e à perda de controlo da combustão; este fenómeno é normalmente designado por início de detonação a cargas muito elevadas. A deterioração do desempenho da detonação a baixa carga deve-se em grande parte ao aumento do atraso de ignição do combustível piloto com a adição de combustível gasoso. A razão para o aumento do atraso de ignição é a participação ativa do combustível induzido, de forma desconhecida, na reação química de pré-ignição do combustível piloto. O problema da detonação torna-se ainda mais grave com combustíveis resistentes à detonação, como o metano e o etano, quando se encontram condições de temperatura e pressão elevadas. A detonação em motores bicombustíveis depende fortemente do tipo de combustível gasoso envolvido e não da quantidade de combustível piloto. Foi relatado que o fenómeno de detonação observado nos motores bicombustíveis é de natureza de auto-ignição, muito provavelmente do combustível gasoso disponível em torno dos centros de ignição. A baixas cargas, o maior atraso na ignição e a combustão incompleta são responsáveis por uma baixa eficiência. A fim de melhorar o desempenho em carga parcial, o combustível deve ser injetado a baixa pressão de injeção. É necessária uma fonte de ignição concentrada para a combustão do combustível induzido a baixas cargas. O aumento do tempo de injeção do piloto conduzirá a um aumento do seu atraso de ignição, resultando numa maior dispersão e vaporização do combustível para motores diesel. Isto afecta negativamente o limite inferior de inflamabilidade do combustível gasoso. Tendo em conta o que precede, é importante que a combustão dos combustíveis gasosos seja objeto de uma análise aprofundada.

1.4 Hidrogénio como combustível alternativo em motores de combustão interna

Há várias caraterísticas importantes do hidrogénio que influenciam grandemente o desenvolvimento tecnológico do hidrogénio como combustível alternativo nos motores de combustão interna.

1.4.1 Estrutura atómica

O hidrogénio é de longe o elemento mais abundante no Universo, constituindo 75% da massa de toda a matéria visível nas estrelas e galáxias. O hidrogénio é o mais simples de todos os elementos. Pode visualizar-se um átomo de hidrogénio como um núcleo central denso com um único eletrão em órbita, tal como um planeta em órbita à volta do Sol. Os cientistas preferem descrever o eletrão como ocupando uma "nuvem de probabilidade" que rodeia o núcleo como uma concha esférica e difusa.

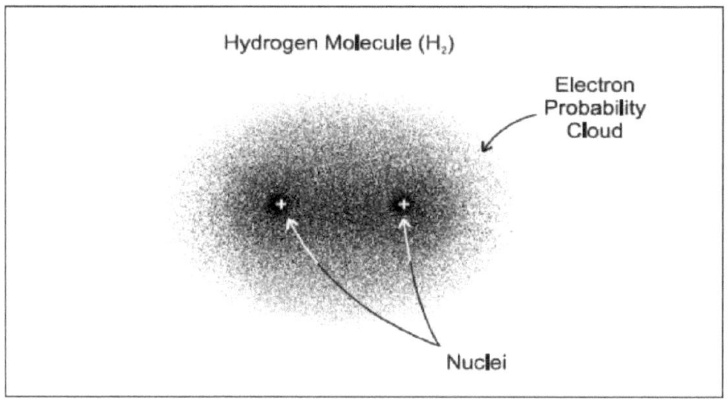

Figura 1-1 Estrutura atómica de uma molécula de hidrogénio

Na maioria dos átomos de hidrogénio, o núcleo é constituído por um único protão, embora uma forma rara (ou "isótopo") de hidrogénio contenha um protão e um neutrão. Esta forma de hidrogénio é designada por deutério ou hidrogénio pesado. Existem também outros isótopos de hidrogénio, como o trítio, com dois neutrões e um protão, mas estes isótopos são instáveis e decaem radioactivamente. A maior parte da massa de um átomo de hidrogénio está concentrada no seu núcleo. De facto, o protão é mais de 1800 vezes mais maciço do que o eletrão. Os neutrões têm quase a mesma massa que os protões. No entanto, o raio da órbita do eletrão, que define o tamanho do átomo, é aproximadamente 100 000 vezes maior do que o raio do núcleo! Claramente, os átomos de hidrogénio são constituídos em grande parte por espaço vazio. Os átomos de todos os elementos são constituídos em grande parte por espaço vazio, embora todos os outros sejam mais pesados e tenham mais electrões. Um protão tem uma carga eléctrica positiva e um eletrão tem uma carga eléctrica negativa. Os neutrões não têm carga. Em conjunto, as cargas associadas ao protão e ao eletrão de cada átomo de hidrogénio anulam-se mutuamente, pelo que cada átomo de hidrogénio é electricamente neutro.

1.4.2 Propriedades físicas

Estado

O hidrogénio tem o segundo ponto de ebulição e o segundo ponto de fusão mais baixos de todas as substâncias, a seguir ao hélio. O hidrogénio é um líquido abaixo do seu ponto de ebulição de 20 K (-423 °F; -253 °C) e um sólido abaixo do seu ponto de fusão de 14 K (-434 °F; -259 °C) e à pressão atmosférica. Obviamente, estas temperaturas são extremamente baixas. As temperaturas abaixo de -100 °F (200 K; -73 °C) são coletivamente conhecidas como temperaturas criogénicas, e os líquidos a estas temperaturas são conhecidos como líquidos criogénicos. O ponto de ebulição de um combustível é um parâmetro crítico, uma vez que define a temperatura a que deve ser arrefecido para poder ser armazenado e utilizado como líquido. Os combustíveis líquidos ocupam menos espaço de armazenamento do que os combustíveis gasosos e são geralmente mais fáceis de transportar e manusear. Por esta razão, os combustíveis que são líquidos em condições atmosféricas (como a gasolina, o gasóleo, o metanol e o etanol) são particularmente convenientes. Pelo contrário, os combustíveis que são gases em condições atmosféricas (como o hidrogénio e o gás natural) são menos convenientes, uma vez que têm de ser armazenados como gás pressurizado ou como líquido criogénico.

a) Odor, cor e sabor

O hidrogénio puro é inodoro, incolor e insípido. Um fluxo de hidrogénio proveniente de uma fuga é quase invisível à luz do dia. Compostos como os mercaptanos e os tiofanos, utilizados para perfumar o gás natural, não podem ser adicionados ao hidrogénio para utilização em células de combustível, uma vez que contêm enxofre que envenena as células de combustível. O hidrogénio resultante da reforma de outros combustíveis fósseis é normalmente acompanhado de azoto, dióxido de carbono, monóxido de carbono e outros gases vestigiais. Em geral, todos estes gases são também inodoros, incolores e insípidos.

c) Toxicidade

O hidrogénio não é tóxico, mas pode atuar como um simples asfixiante ao deslocar o oxigénio do ar.

d) Asfixia

Níveis de oxigénio inferiores a 19,5% são biologicamente inactivos para os seres humanos. Os efeitos da carência de oxigénio podem incluir respiração rápida, diminuição do estado de alerta mental e da coordenação muscular, bem como falhas de julgamento, depressão de todas as sensações, instabilidade emocional e fadiga. À medida que a asfixia progride, podem ocorrer tonturas, náuseas, vómitos, prostração e perda de consciência, conduzindo eventualmente a convulsões, coma e morte. Em concentrações inferiores a 12%, pode ocorrer inconsciência imediata sem sintomas de aviso prévio. Numa área fechada, as pequenas fugas representam pouco perigo de asfixia, ao passo que as grandes fugas podem constituir um problema grave, uma vez que o hidrogénio se difunde rapidamente para preencher o volume. O potencial de asfixia em áreas não confinadas é praticamente insignificante devido à elevada flutuabilidade e difusividade do hidrogénio.

e) Densidade e medidas conexas

O hidrogénio tem o peso atómico mais baixo de todas as substâncias e, por isso, tem uma densidade muito baixa, quer como gás quer como líquido. A densidade é medida como a quantidade de massa contida por unidade de volume. Os valores da densidade só têm significado a uma determinada temperatura e pressão, uma vez que ambos os parâmetros afectam a compacidade do arranjo molecular, especialmente num gás. A densidade de um gás é chamada de densidade de vapor, e a densidade de um líquido é chamada de densidade líquida.

f) Volume específico

O volume específico é o inverso da densidade e exprime a quantidade de volume por unidade de massa.

Assim, o volume específico do hidrogénio gasoso é de 191,3 pés/lb (11,9 m /kg) a 68 °F (20 °C) e 1 atm. e o volume específico do hidrogénio líquido é de 0,226 pés/lb (0,014 m /kg) a -423 °F (-253 °C) e 1 atm.

g) Gravidade específica

Uma forma comum de exprimir a densidade relativa é através da gravidade específica. A gravidade específica é o rácio entre a densidade de uma substância e a de uma substância de referência, ambas à mesma temperatura e pressão. Para os vapores, o ar (com uma densidade de 1,203 kg/m) é utilizado como substância de referência e, por conseguinte, tem uma densidade específica de 1,0 relativamente a si próprio. As densidades de outros vapores são então expressas como um número maior ou menor que 1,0 em proporção à sua densidade relativa ao ar. Os gases com uma densidade superior a 1,0 são mais pesados do que o ar; os gases com uma densidade inferior a 1,0 são mais leves do que o ar.

h) Rácio de expansão

A diferença de volume entre o hidrogénio líquido e o gasoso pode ser facilmente apreciada considerando o seu rácio de expansão. O rácio de expansão é o rácio do volume a que um gás ou líquido é armazenado em comparação com o volume do gás ou líquido à pressão e temperatura atmosféricas. Quando o hidrogénio é armazenado como líquido, vaporiza-se ao ser expandido para as condições atmosféricas, com um aumento de volume correspondente. O rácio de expansão do hidrogénio de 1:848 significa que o hidrogénio no seu estado gasoso em condições atmosféricas ocupa 848 vezes mais volume do que no seu estado líquido. Quando o hidrogénio é armazenado como gás a alta pressão a 250 bar e à temperatura atmosférica, o seu rácio de expansão em relação à pressão atmosférica é de 1:240. Embora uma pressão de armazenamento mais elevada aumente ligeiramente o rácio de expansão, o hidrogénio gasoso, em quaisquer condições, não pode aproximar-se do rácio de expansão do hidrogénio líquido.

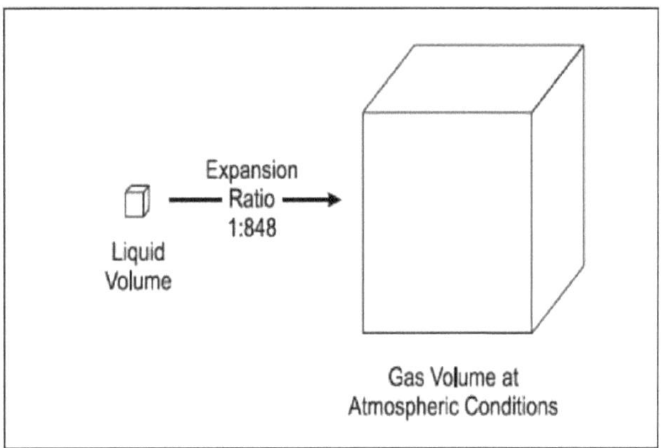

Figura 1.2 Expansão de hidrogénio líquido para gás

1.4.3 Propriedades químicas

a) Reatividade

A elevada reatividade é caraterística de todos os combustíveis químicos. Em cada caso, ocorre uma reação química quando as moléculas de combustível formam ligações com o oxigénio (do ar), de modo que as moléculas finais, que reagiram, se encontram num estado de energia inferior ao das moléculas iniciais, que não reagiram.

À medida que as moléculas reagem, a alteração do estado de energia química é acompanhada por uma correspondente libertação de energia que podemos explorar para realizar trabalho útil. Isto é verdade tanto numa reação de combustão (como num motor de combustão interna, em que a energia é libertada explosivamente sob a forma de calor) como numa reação eletroquímica (como numa bateria ou célula de combustível, em que a energia é libertada sob a forma de potencial elétrico e calor). Esta libertação de energia química é análoga à que ocorre quando a água flui de um nível alto para um nível baixo. O ciclo natural de evaporação, condensação e precipitação que devolve a água a um nível mais elevado é impulsionado pela energia solar e eólica. Em alternativa, uma bomba pode devolver a água a um nível mais elevado, mas a bomba consome uma quantidade de energia correspondente.

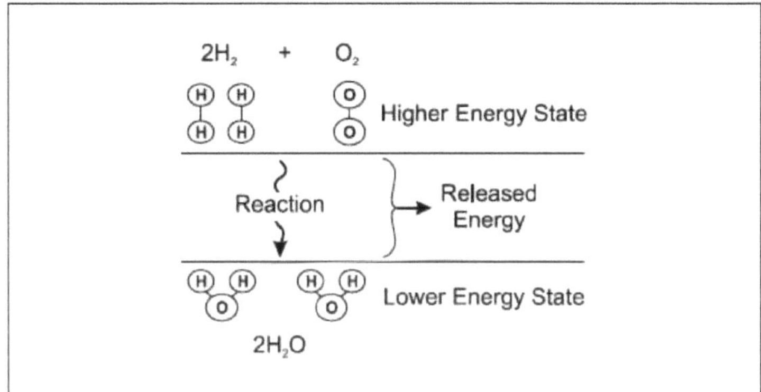

Figura 1.3 Estados de energia química do hidrogénio

As reacções químicas deste tipo requerem frequentemente uma pequena quantidade de energia de ativação para se iniciarem, mas depois a energia libertada pela reação alimenta outras reacções num efeito dominó. Assim, quando uma pequena quantidade de energia de ativação, sob a forma de uma faísca, é fornecida a uma mistura de hidrogénio e oxigénio, as moléculas reagem vigorosamente, libertando uma quantidade substancial de calor, tendo a água como produto final. Sentimos esta reação como um incêndio ou uma explosão, e a água resultante vaporiza-se e é invisível para nós, uma vez que é um vapor sobreaquecido.

b) Energia

Cada combustível pode libertar uma quantidade fixa de energia quando reage completamente com o oxigénio para formar água. Este conteúdo energético é medido experimentalmente e é quantificado pelo poder calorífico superior (HHV) e inferior (LHV) de um combustível. A diferença entre o HHV e o LHV é o "calor de vaporização" e representa a quantidade de energia necessária para vaporizar um combustível líquido num combustível gasoso, bem como a energia utilizada para converter água em vapor.

Fuel	Higher Heating Value (at 25 °C and 1 atm)	Lower Heating Value (at 25 °C and 1 atm)
Hydrogen	61,000 Btu/lb (141.86 kJ/g)	51,500 Btu/lb (119.93 kJ/g)
Methane	24,000 Btu/lb (55.53 kJ/g)	21,500 Btu/lb (50.02 kJ/g)
Propane	21,650 Btu/lb (50.36 kJ/g)	19,600 Btu/lb (45.6 kJ/g)
Gasoline	20,360 Btu/lb (47.5 kJ/g)	19,000 Btu/lb (44.5 kJ/g)
Diesel	19,240 Btu/lb (44.8 kJ/g)	18,250 Btu/lb (42.5 kJ/g)
Methanol	8,580 Btu/lb (19.96 kJ/g)	7,760 Btu/lb (18.05 kJ/g)

Tabela 1.1 Valores de aquecimento de combustíveis comparativos

Os combustíveis gasosos já estão vaporizados, pelo que não é necessária energia para os converter em gás.

Figura 1.4 Explosão de hidrogénio

c) Densidade energética

A densidade energética é o produto do conteúdo energético (LHV, no nosso caso) e da densidade de um determinado combustível. A densidade energética é, na realidade, uma medida da compactação dos átomos de hidrogénio num combustível. Assim, os hidrocarbonetos de complexidade crescente (com cada vez mais átomos de hidrogénio por molécula) têm uma densidade energética cada vez maior. Ao mesmo tempo, os hidrocarbonetos de complexidade crescente têm cada vez mais átomos de carbono em cada molécula, pelo que estes combustíveis são cada vez mais pesados em termos absolutos. Nesta base, a densidade energética do hidrogénio é fraca (por ter uma densidade tão baixa), embora a sua relação *energia/peso* seja a melhor de todos os combustíveis (por ser tão leve).

Fuel	Energy Density (LHV)
Hydrogen	270 Btu/ft^3 (10,050 kJ/m^3); gas at 1 atm and 60 °F (15 °C) 48,900 Btu/ft^3 (1,825,000 kJ/m^3); gas at 3,000 psig (200 barg) and 60 °F (15 °C) 121,000 Btu/ft^3 (4,500,000 kJ/m^3); gas at 10,000 psig (690 barg) and 60 °F (15 °C) 227,850 Btu/ft^3 (8,491,000 kJ/m^3); liquid
Methane	875 Btu/ft^3 (32,560 kJ/m^3); gas at 1 atm and 60 °F (15 °C) 184,100 Btu/ft^3 (6,860,300 kJ/m^3); gas at 3,000 psig (200 barg) and 60 °F (15 °C) 561,500 Btu/ft^3 (20,920,400 kJ/m^3); liquid
Propane	2,325 Btu/ft^3 (86,670 kJ/m^3); gas at 1 atm and 60 °F (15 °C) 630,400 Btu/ft^3 (23,488,800 kJ/m^3); liquid
Gasoline	836,000 Btu/ft^3 (31,150,000 kJ/m^3); liquid
Diesel	843,700 Btu/ft^3 (31,435,800 kJ/m^3) minimum; liquid
Methanol	424,100 Btu/ft^3 (15,800,100 kJ/m^3); liquid

Tabela 1.2 Densidades energéticas de combustíveis comparativos

d) Inflamabilidade

Para que ocorra um incêndio ou uma explosão são necessários três elementos: um combustível, oxigénio (misturado com o combustível em quantidades adequadas) e uma fonte de ignição. O hidrogénio, enquanto combustível inflamável, mistura-se com o oxigénio sempre que se permite a entrada de ar num recipiente hidrogénio ou quando o hidrogénio se liberta de qualquer recipiente para o ar. As fontes de ignição assumem a forma de faíscas, chamas ou calor elevado.

e) Ponto de inflamação

Todos os combustíveis ardem apenas no estado gasoso ou de vapor. Combustíveis como o hidrogénio e o metano já são gases em condições atmosféricas, enquanto outros combustíveis, como a gasolina ou o gasóleo, que são líquidos, têm de se converter em vapor antes de arderem. A caraterística que descreve a facilidade com que estes combustíveis podem ser convertidos em vapor é o ponto de inflamação. O ponto de inflamação é definido como a temperatura à qual o combustível produz vapores suficientes para formar uma mistura inflamável com o ar à sua superfície. Se a temperatura do combustível for inferior ao seu ponto de inflamação, não pode produzir vapores suficientes para arder, uma vez que a sua taxa de evaporação é demasiado lenta. Sempre que um combustível se encontra no seu ponto de inflamação ou acima dele, estão presentes vapores. O ponto de inflamação não é a temperatura a que o combustível se inflama; essa é a temperatura de auto-ignição. O ponto de inflamação é sempre inferior ao ponto de ebulição.

Fuel	Flashpoint
Hydrogen	< –423 °F (< –253 °C; 20 K)
Methane	–306 °F (–188 °C; 85 K)
Propane	–156 °F (–104 °C; 169 K)
Gasoline	Approximately –45 °F (–43 °C; 230 K)
Methanol	52 °F (11 °C; 284 K)

Quadro 1.3 Pontos de inflamação de combustíveis comparativos

f) Gama de inflamabilidade

A gama de inflamabilidade de um gás é definida em termos do seu limite inferior de inflamabilidade (LFL) e do seu limite superior de inflamabilidade (UFL). O LFL de um gás é a concentração mais baixa de gás que suportará uma chama auto-propagante quando misturado com ar e inflamado. Abaixo do LFL, não está presente combustível suficiente para suportar a combustão; a mistura combustível/ar é demasiado pobre.

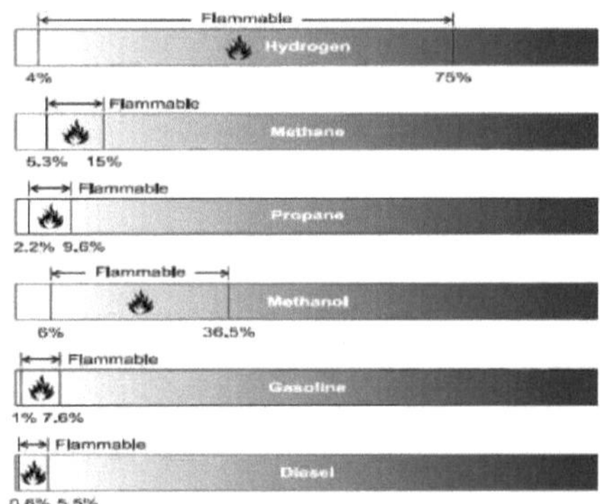

Fig 1.5 Intervalos de inflamabilidade de combustíveis comparativos à temperatura atmosférica

g) Autoignição Temperatura

A temperatura de auto-ignição é a temperatura mínima necessária para iniciar uma combustão auto-sustentada numa mistura de combustível na ausência de uma fonte de ignição. Por outras palavras, o combustível é aquecido até se incendiar. Cada combustível tem uma temperatura de ignição única. No caso do hidrogénio, a temperatura de auto-ignição é relativamente elevada, de 1085 °F (585 °C).

Fuel	Autoignition Temperature
Hydrogen	1085 °F (585 °C)
Methane	1003 °F (540 °C)
Propane	914 °F (490 °C)
Methanol	725 °F (385 °C)
Gasoline	450 to 900 °F (230 to 480 °C)

Tabela 1.4 Temperatura de auto-ignição de combustíveis comparativos

h) Índice de Octano

O índice de octanas descreve as propriedades antidetonantes de um combustível quando utilizado num motor de combustão interna. O Knock é uma detonação secundária que ocorre após a ignição do combustível devido à acumulação de calor noutra parte da câmara de combustão. Quando a temperatura local excede a temperatura de auto-ignição, ocorre a detonação. O desempenho do hidrocarboneto octano é utilizado como padrão para medir a resistência à detonação, sendo-lhe atribuído um índice de octano relativo de 100. Os combustíveis com um índice de octano superior a 100 têm mais resistência à auto-ignição do que o próprio octano. O hidrogénio tem um índice de octano de investigação muito elevado e, por conseguinte, é resistente à detonação mesmo quando a combustão se processa em condições muito pobres.

Fuel	Octane Number
Hydrogen	130+ (lean burn)
Methane	125
Propane	105
Octane	100
Gasoline	87
Diesel	30

Quadro 1.5 Números de octanas dos combustíveis comparativos

1.5 Vantagens do DMM como combustível oxigenado

O combustível oxigenado não é mais do que o combustível que tem um composto químico que contém oxigénio. É utilizado para ajudar o combustível a arder de forma mais eficiente e reduzir alguns tipos de poluição atmosférica. Em muitos casos, é responsável pela redução do problema do smog nos grandes centros urbanos. Também pode reduzir as emissões mortais de monóxido de carbono. O combustível oxigenado funciona permitindo que a gasolina nos veículos arda mais completamente. Como a maior parte do combustível está a arder, há menos químicos nocivos libertados para a atmosfera. Para além de ter uma combustão mais limpa, o combustível oxigenado também ajuda a reduzir a quantidade de combustíveis fósseis não renováveis consumidos. O dimetoximetano (DMM), com um elevado teor de oxigénio e índice de cetano, é considerado um aditivo extraordinariamente promissor para o gasóleo.

1.5.1 Requisitos das boas propriedades dos oxigenados:

- A mistura deve apresentar uma tolerância adequada à água.
- O oxigenante deve ser miscível com vários combustíveis diesel na gama de temperaturas ambientais observadas no funcionamento do veículo.
- A mistura deve ter um índice de cetano adequado e, de preferência, permitir que a mistura apresente um índice de cetano aumentado.
- A mistura de oxigenados não deve apresentar uma volatilidade excessiva quando misturada com várias bases de combustível para motores diesel.

Fuel properties of diesel and dimethoxymethane (DMM).		
	Diesel	DMM
Chemical formula	$C_{10.8}H_{18.7}$	$C_3H_8O_2$
Mole weight (g)	148.3	76.08
Density (g/cm^3)	0.86	0.865
Viscosity (mm^2/s)	3.44	0.34
Boiling point (°C)	188–343	42
Distillation temperature 90% volume recovery, max (°C)	550 (288)	–
Lower heating value (MJ/kg)	42.5	22.4
Latent heat of evaporation (kJ/kg)	260	318.6
Self-ignition temperature (°C)	200–220	237
Cetane number	45	30
C (wt.%)	87.4	47.4
H (wt.%)	12.6	10.5
O (wt.%)	0	42.1

Tabela 1.6 Propriedades do gasóleo e do dimetoximetano

1.6 Composição dos outros combustíveis

É natural que comparemos o hidrogénio com outros hidrocarbonetos combustíveis com os quais estamos mais familiarizados. Todos os hidrocarbonetos combustíveis são combinações moleculares de átomos de carbono e hidrogénio. Existem milhares de tipos de compostos de hidrocarbonetos, cada um com uma combinação específica de átomos de carbono e de hidrogénio numa geometria única. O mais simples de todos os hidrocarbonetos é o metano, que é o principal constituinte do gás natural. (Outros componentes do gás natural incluem o etano, o propano, o butano e o pentano, bem como impurezas). O metano tem a fórmula química CH4, o que significa que cada molécula tem quatro átomos de hidrogénio e um átomo de carbono. Outros hidrocarbonetos comuns são o etano (C2H6), o propano (C3H8) e o butano (C4H10). Todos estes são considerados hidrocarbonetos leves, uma vez que contêm menos de cinco átomos de carbono por molécula e, por conseguinte, têm um peso molecular baixo (um átomo de carbono é quase 12 vezes mais pesado do que um átomo de hidrogénio). A gasolina é composta por uma mistura de muitos hidrocarbonetos diferentes, mas um constituinte importante é o heptano (C7H16). A gasolina, o gasólco, o querosene e os compostos encontrados no asfalto, nos óleos pesados e nas ceras são considerados hidrocarbonetos pesados, uma vez que contêm muitos átomos de carbono por molécula e, por conseguinte, têm um peso molecular elevado.

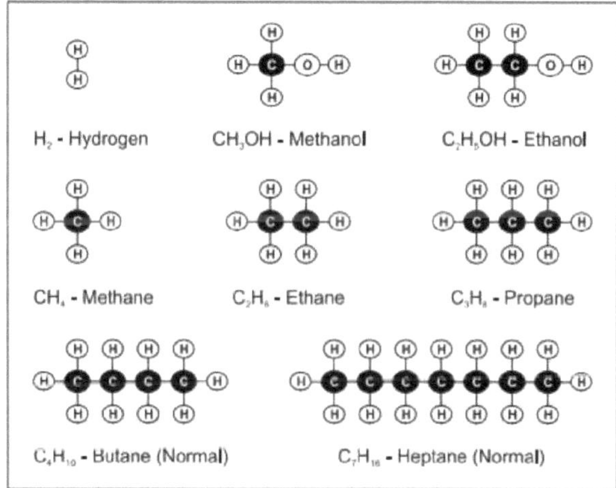

Figura 1.6 Estruturas químicas dos combustíveis comuns

1.7 Os méritos dos combustíveis gasosos

Alguns dos méritos dos combustíveis gasosos são os seguintes

I. Os combustíveis gasosos têm uma combustão muito limpa.

II. Queima geralmente muito limpa, com pouca fuligem.

III. Fácil de queimar - Sem trituração ou atomização.

IV. Não há problemas de erosão ou corrosão.

V. Não há problemas com as cinzas.

VI. O gás é fácil de limpar. Por exemplo, se estiver presente enxofre, este pode ser facilmente removido antes da combustão.

VII. A instalação de combustão mais simples de todas - os queimadores.

VIII. Pode ser posto em funcionamento e desligado muito fácil e rapidamente.

1.7.1 Os inconvenientes do combustível gasoso

Alguns dos inconvenientes dos combustíveis gasosos são os seguintes

I. Problemas de distribuição e de armazenagem.

II. Risco de explosão e muito volátil.

III. Relativamente dispendioso. Compensado por instalações mais baratas e mais eficientes.

Capítulo 2

REVISÃO DA LITERATURA

2.1 Introdução

Este capítulo inclui uma análise pormenorizada da literatura sobre as caraterísticas de desempenho e emissões do motor bicombustível. Neste capítulo, foi apresentado um resumo das suas conclusões, a fim de colocar o problema atual na perspetiva correta. A ideia da tecnologia de duplo combustível não é um conceito novo. Rudolf Diesel, o pai do motor diesel, propôs a possibilidade de substituir a gasolina por óleo de amendoim há cerca de 100 anos, quando apresentou o seu primeiro motor diesel numa exposição em Paris. O motor a gasóleo foi concebido e desenvolvido principalmente para funcionar com combustíveis líquidos. O motor diesel funciona com o primeiro combustível queimado pelo calor de compressão da carga no cilindro. As propriedades desejáveis num combustível diesel são a qualidade da ignição, a volatilidade, a viscosidade, a gravidade específica e o lubrificante. No entanto, a qualidade da ignição é o fator mais significativo que rege a adequação do combustível para aplicações em motores diesel. É dada em termos de índice de cetano, que é a medida da sua capacidade de auto-inflamação rápida quando injetado no ar comprimido a alta pressão no cilindro do motor. Os combustíveis com elevado índice de cetano são adequados para motores de ignição por compressão. Os motores de ignição por compressão foram concebidos para funcionar com uma vasta gama de combustíveis hidrocarbonados pesados a leves. Os tipos de petróleo mais pesados, conhecidos como óleos leves, são adequados para motores de baixa velocidade, ao passo que estes combustíveis não são adequados para motores a gasóleo de alta velocidade.

2.2 Revisão da literatura sobre hidrogénio e DMM.

Wu e Wang [1] O hidrogénio tem sido sugerido como um combustível conveniente e de combustão limpa. O gás hidrogénio pode ser armazenado como gás comprimido ou como líquido. O hidrogénio tem boas propriedades como combustível para motores de combustão interna em automóveis. A produção mundial de gás de petróleo liquefeito (GPL) está limitada a cerca de 10% do consumo total de gasolina e gasóleo e é utilizada em grande medida para fins domésticos e industriais. Uma vez que o GPL arde de forma mais limpa, com menos acumulação de carbono e contaminação do óleo, o desgaste do motor é reduzido e a vida de alguns componentes, como anéis e rolamentos, é muito mais longa do que com a gasolina. A elevada octanagem do GPL também minimiza o desgaste provocado pela batida do motor. O gás natural está amplamente disponível. As emissões de CO_2 do gás natural são inferiores às do gasóleo e da gasolina, o que torna os motores a gás natural favoráveis também em termos do efeito de estufa. A contribuição positiva do gás natural comprimido (GNC) para a poluição ambiental deve também ser considerada em termos económicos.

Benjamin M. Geller [2] A conceção de veículos é um processo de recursos intensivos; a incorporação da hibridação introduz complexidades de conceção adicionais. A aplicação de métodos de engenharia de sistemas, como a identificação de objectivos e a otimização, no início do processo de conceção, permite obter uma solução desejável com custos mínimos de tempo e esforço. Através da utilização de uma simulação defensável do sistema de veículos, podem ser incorporadas funções de custo objetivo agregado como ferramentas de engenharia de sistemas para construir uma melhor compreensão do espaço de conceção. Embora a implementação da otimização da simulação na conceção de veículos não seja um conceito novo, as aplicações e a utilidade foram alargadas para incluir áreas adicionais que aumentam a compreensão e a capacidade de implementar concepções complexas.

Wietschel Taylor [3] O combustível de hidrogénio é uma das alternativas ao combustível de petróleo para manter o nosso ambiente limpo. Isto deve-se ao facto de o combustível de hidrogénio utilizar o hidrogénio, que é o elemento fundamental da natureza e pode ser encontrado em muitos materiais, como a água, os nossos principais materiais para viver. O hidrogénio não contribui para a poluição como o petróleo, porque o próprio petróleo contém uma mistura de hidrocarbonetos de diferentes pesos, como os alcanos, os cicloalcanos, os hidrocarbonetos aromáticos ou os asfaltenos, bem como compostos orgânicos, e é um líquido natural e inflamável que encontramos na Terra. Estes componentes contribuem para a poluição do ambiente, o que é contrário à sensibilização mundial para a proteção do ambiente. Diz-se que é uma alternativa limpa porque causa menos poluição atmosférica, sistemas de mobilidade amigos do ambiente e também proporciona emissões de CO2 quase nulas para aplicações de tráfego.

Wang Morrone et al. [4] Efeito da adição de hidrogénio misturado com outros combustíveis para aumentar a eficiência, mas reduzindo a taxa de poluentes que causam. Está provado que a adição de hidrogénio misturado com gás natural é uma alternativa viável aos combustíveis fósseis puros devido à redução esperada da taxa de emissões poluentes e ao aumento da eficiência. Estas misturas oferecerão uma oportunidade válida para abordar o transporte sustentável, tendo em vista os futuros limites rigorosos de emissões para os veículos rodoviários. O objetivo deste trabalho é investigar a potência e o binário do motor após a mistura de gasolina com hidrogénio misturado com determinadas proporções de hidrogénio adicionado. Os ensaios serão realizados adicionando um incremento de 5% de hidrogénio, mas começando primeiro com gasolina pura.

Ji Thurnheer [5] A fim de melhorar a eficiência, a estabilidade da combustão e as emissões, foi efectuado um estudo experimental adicionando hidrogénio a um motor de 4 cilindros a gasolina com ignição comandada (SI). O motor foi modificado para ser alimentado com uma mistura de gasolina e hidrogénio injectada simultaneamente nos orifícios de admissão. Foram selecionados vários níveis de enriquecimento com hidrogénio para investigar o efeito da adição de hidrogénio na flutuação da velocidade do motor, na eficiência térmica, nas caraterísticas de combustão, na variação cíclica e nas emissões em condições de ralenti e estequiométricas. As emissões de NOX melhoram com o aumento do nível de adição de hidrogénio. As emissões de HC e CO diminuem primeiro com o aumento do nível de enriquecimento de hidrogénio. A fração de energia do hidrogénio excede 14,44%; começa a aumentar novamente em condições de marcha lenta e estequiométricas.

Kenneth Gillingham [6] Tal como os veículos a células de combustível a hidrogénio, os veículos a hidrogénio com motor de combustão interna apresentam uma promessa considerável: a possibilidade de melhorar a segurança energética e reduzir as emissões de dióxido de carbono, retirando o sector dos veículos ligeiros da gasolina. E, tal como os VFC a hidrogénio, existem barreiras significativas à adoção dos veículos ICE a hidrogénio, que envolvem tanto melhorias tecnológicas para que sejam competitivos em relação às alternativas à base de gasolina como a implementação de uma infraestrutura de abastecimento de hidrogénio. Para além destas semelhanças, surgem rapidamente distinções devido à natureza da tecnologia ICE a hidrogénio que a diferencia dos veículos a pilhas de combustível e a gasolina. As diferenças mais importantes são a potência produzida pelo motor, a economia de combustível, o tamanho do depósito de combustível e o estado de desenvolvimento da tecnologia. A complicar qualquer comparação está a grande incerteza inerente às futuras tecnologias de veículos, incluindo o ICE a hidrogénio. Se a tecnologia das pilhas de combustível for desenvolvida de acordo com o seu potencial, a vantagem em termos de economia de combustível que apresenta em relação à tecnologia ICE a hidrogénio parece constituir um argumento convincente a favor dos VFC a longo prazo. Isto é particularmente verdade porque a maior economia de combustível permite um depósito de combustível mais pequeno para a mesma autonomia, e é quase certo que o tamanho do depósito de combustível será uma limitação fundamental para os veículos a hidrogénio.

C.M. White, et al. [7] É feita uma análise da investigação contemporânea sobre o motor de combustão interna alimentado a hidrogénio. Em primeiro lugar, descrevem-se os fundamentos do motor a hidrogénio, examinando as propriedades específicas do hidrogénio e fazendo um levantamento da literatura existente. Demonstrar-se-á aqui que, devido às baixas eficiências volumétricas e aos frequentes eventos de combustão de pré-ignição, as densidades de potência dos motores a hidrogénio pré-misturados ou com injeção de combustível por porta são reduzidas em relação aos motores a gasolina. Foram feitos progressos significativos no desenvolvimento de motores a hidrogénio avançados com densidades de potência melhoradas. Analisamos vários exemplos e as suas principais caraterísticas. Por último, analisamos os progressos globais efectuados e apresentamos sugestões para trabalhos futuros.

C. E. Sandy Thomas [8] Os veículos híbridos eléctricos movidos a hidrogénio com pequenos motores de combustão interna a bordo podem proporcionar praticamente todos os benefícios sociais dos veículos a pilhas de combustível mais cedo e a menor custo, devido ao custo inicial mais baixo dos VHE em comparação com os VFC, associado à maior maturidade tecnológica dos VHE. Em particular, ao longo do próximo século, os VHE a hidrogénio podem: reduzir a poluição atmosférica local *mais* do que os VFC, devido a uma penetração mais precoce no mercado, reduzir as emissões de gases com efeito de estufa praticamente no mesmo grau que os VFC e reduzir a nossa dependência do petróleo importado em maior grau do que os VFC, mais uma vez devido a uma penetração mais precoce no mercado.

Andrew M. Schafer [9] Foi demonstrada uma diminuição drástica da quantidade de gás necessária para remover os tampões de água presos através da sobreposição de uma onda sinusoidal ao gás, tanto em canais quadrados como redondos com cerca de 1 mm de diâmetro. Esta diminuição é mais dramática num canal hidrofóbico e com o gás sobreposto com uma onda sinusoidal na frequência de ressonância do tampão. A forma da interface Por conseguinte, um revestimento hidrofóbico consistente é essencial para assegurar formas de interface consistentes e, consequentemente, uma frequência de ressonância consistente do tampão de água. A forma da interface do obturador de água também pode ser constituída por contaminantes do canal e defeitos na forma do canal, que podem impedir o movimento dos obturadores. Com o oscilador ligado e desligado, os tampões de água são retardados por estes contaminantes, mas a oscilação continua a superá-los a uma taxa mais baixa do que sem oscilação Modulação acústica um único tampão, mas vários tampões, como é evidente na diminuição das taxas de reagentes.

Zhang Xi-gui *et al.* 2005 [10] A gestão da água numa pilha de combustível inclui uma rede de caminhos de água externos e caminhos de água internos. A água externa consiste na água recolhida no cátodo e na água fornecida externamente para o controlo da humidade da membrana. As membranas poliméricas funcionam com a máxima eficiência a 100% de humidade relativa (HR). As reacções anódicas só são viáveis a temperaturas relativamente elevadas (60oC a 100oC). A estas temperaturas mais elevadas, a humidade relativa da membrana diminui e, consequentemente, o desempenho da membrana diminui. Este compromisso entre temperatura e humidade exige um fornecimento contínuo de água à célula de combustível para manter a membrana e os gases reagentes humidificados. Na maioria dos dispositivos, parte da água produzida é condensada e reciclada e utilizada para humidificação). No entanto, a melhoria do desempenho das células de combustível sem humidificação externa ainda está a ser investigada.

Natarajan e Van Nguyen 2003[11] A água produzida no cátodo deve ser continuamente removida do cátodo. A acumulação excessiva de água no cátodo resultará na redução da área efectiva do catalisador e obstruirá o fluxo de oxigénio para os locais de reação. Por outro lado, a remoção excessiva de água pode resultar na secagem da membrana, o que tem um impacto negativo no desempenho (. A água do cátodo é convencionalmente removida por três métodos. O primeiro método remove a água aplicando uma pressão diferencial elevada entre o cátodo e o ânodo e a água é recolhida no cátodo. O segundo método cria longos canais em serpentina para o gás catódico, de modo a que a resistência hidráulica seja mínima. À medida que a água se forma, é arrastada para a saída juntamente com os gases. O terceiro método, e o mais comum, consiste na lavagem periódica do gás catódico a taxas 2 a 60 vezes superiores às exigidas pela estequiometria.

Collier *et al.* 2006[12] O vaivém espacial Gemini (1962) foi o primeiro a utilizar células de combustível para a produção de eletricidade. Foram utilizadas células de combustível alcalinas com eléctrodos orgânicos. Foram feitos esforços para utilizar a água produzida a partir da célula de combustível a bordo como água potável para os membros da tripulação. A água produzida continha ácido sulfobenzóico, ácido sulfúrico *p-benzaldeído*, formaldeído e grandes quantidades de ácido poliestireno sulfónico de baixo peso molecular. As tecnologias de tratamento, incluindo a filtração, a sorção de carbono e as resinas de permuta iónica, foram tentadas para purificar a água do produto, mas não foi possível obter a qualidade desejada e a água da célula de combustível não foi utilizada como fonte de água potável. Os problemas da Gemini foram resolvidos para as células de combustível utilizadas na nave espacial Apollo Command Module (1973), substituindo o elétrodo orgânico por um elétrodo de nickele sinterizado e a água de exaustão da célula de combustível foi utilizada como fonte primária de água potável. A célula de combustível funcionou a uma temperatura de 210oC e produziu água a uma taxa média de 0,54 kg/hora (0,13 galões/hora). O pico de produção de água foi de 1kg/h (0,26 galões por hora). A água foi arrefecida a 23oC para ser armazenada. A qualidade da água era semelhante à da água destilada. O pH médio era de 5,4 e o total de sólidos dissolvidos (TDS) era de 0,73mg/L (Richard e David 1975). Foi utilizado um separador hidrofóbico/hidrofílico para separar o hidrogénio dissolvido (Richard e David 1975). Embora as células de combustível sejam capazes de produzir água de alta qualidade a um ritmo apreciável, as células de combustível utilizadas nas naves espaciais da década de 1970 são significativamente diferentes das células de combustível PEM comerciais actuais.

PRABHA RAMCHANDRA ACHARYA [13] O simulador de células de combustível foi proposto com base nas especificações do Departamento de Energia dos EUA-NETL. Foi estudado o efeito de vários parâmetros como a carga, o caudal de hidrogénio, a temperatura e a pressão na produção eléctrica da célula de combustível. A célula de combustível foi modelada matematicamente por polinómios cúbicos que aproximam as caraterísticas não lineares da tensão-corrente (V-I). O funcionamento em estado estacionário e os transientes devidos ao aumento súbito da procura de energia e do caudal de hidrogénio foram modelados e implementados com êxito no simulador. Foi concebido um sistema de hardware-in-loop para reproduzir o comportamento da célula de combustível. Foi integrado um simulador de célula de combustível constituído por uma fonte de alimentação CC programável, um controlador baseado num PC, uma placa de aquisição de dados e módulos de condicionamento de sinal. O feedback da carga foi lido no controlador e o método de Newton-Raphson foi utilizado para resolver as equações cúbicas em tempo real para determinar o ponto de funcionamento do simulador. Foi desenvolvida uma interface gráfica do utilizador (GUI) para permitir ao utilizador configurar vários parâmetros, incluindo a taxa de variação da célula de combustível e a capacidade de corrente de reserva. O estado de funcionamento atual do simulador foi apresentado na GUI e foi fornecido um controlo para o utilizador alterar o caudal de hidrogénio.

Mikko Mikkola [14] As células de combustível são dispositivos electroquímicos que convertem a energia química do combustível em eletricidade com elevada eficiência, sem combustão. As pilhas de combustível são vistas como fontes de energia viáveis para muitas aplicações, incluindo o transporte terrestre, a produção de energia distribuída e a eletrónica portátil. Esta tese trata de estudos experimentais sobre pilhas de células de combustível de membrana de eletrólito polimérico (PEMFC). A PEMFC é uma pilha de combustível de baixa temperatura, na qual é utilizada uma membrana condutora de protões como eletrólito. O avanço comercial das pilhas de combustível é dificultado pelo elevado preço dos componentes das pilhas de combustível. O desenvolvimento de novos materiais e a melhoria do desempenho permitirão baixar os preços. Para o desenvolvimento de aplicações no mundo real, são necessárias mais informações sobre a resistência a longo prazo das células de combustível e novos métodos de diagnóstico. Esta tese aborda estas questões através de uma abordagem experimental. A ênfase deste trabalho está nos métodos de diagnóstico, nas escolhas de materiais e na estabilidade a longo prazo. Foi desenvolvido um novo método para medir a resistência de uma célula unitária numa pilha de células de combustível. O método de interrupção de corrente foi aplicado a uma pilha e os transientes de tensão nas células unitárias foram observados utilizando um dispositivo de amostragem rápida de tensão. Os valores da resistência das células foram calculados a partir dos dados dos transientes. Verificou-se que o método é praticável e fornece resultados razoavelmente exactos. O efeito dos materiais de suporte da difusão de gás no desempenho das células de combustível foi estudado numa única célula. Foram observadas grandes diferenças de desempenho a densidades de corrente mais elevadas. A dependência do desempenho das propriedades intrínsecas do material foi estudada através de medições da permeabilidade do gás. Não foi encontrada qualquer correlação entre a permeabilidade do suporte da difusão de gás e o desempenho da célula de combustível. Assim, a permeabilidade dos cinco materiais testados foi considerada adequada para a utilização em células de combustível e concluiu-se que as diferenças de desempenho derivam das propriedades de gestão da água dos materiais de suporte da difusão de gás. A estabilidade a longo prazo da pilha PEMFC construída no Laboratório de Sistemas Avançados de Energia foi demonstrada através do seu funcionamento contínuo sem quaisquer problemas durante mais de nove dias.

Lech Birek Stanislaw et al. [15] Os sistemas de reserva são elementos cruciais das redes eléctricas modernas. São utilizados em locais onde uma interrupção no fornecimento de energia pode causar danos significativos, por exemplo, em hospitais, bancos ou torres de telecomunicações. Existem muitas soluções para o fornecimento de energia de emergência. As pilhas de combustível de hidrogénio são uma tecnologia emergente com grande potencial para o futuro. As pilhas de combustível combinam as vantagens das baterias e dos geradores a gasóleo, eliminando algumas das suas desvantagens significativas. Podem funcionar desde que sejam abastecidas de combustível através de uma reação eletroquímica simples e eficiente e, ao mesmo tempo, são silenciosas, não produzem emissões e requerem um mínimo de manutenção. O objetivo desta tese é apresentar a ideia das células de combustível de hidrogénio como sistemas fiáveis de energia de reserva. O trabalho é composto por duas partes: uma prática e outra teórica. A primeira parte inclui os antecedentes da segurança energética, fontes de energia de emergência, mercado de energia de reserva de sistemas de células de combustível, bem como uma introdução à tecnologia de células de combustível, princípios de funcionamento e segurança do hidrogénio. A parte prática deste projeto centra-se na unidade de energia de reserva a pilhas de combustível Plug Power Gen Core 5B48, na sua descrição, instalação, funcionamento, precauções de segurança e caraterísticas de desempenho. A infraestrutura de hidrogénio necessária foi construída de acordo com os códigos e normas de segurança. O desempenho e a fiabilidade do sistema foram avaliados. O comportamento do sistema foi estável, com exceção de alguns problemas menores durante o arranque, que exigiram intervenção. A eficiência medida da pilha de células de combustível e de todo o sistema à carga máxima disponível de 1,65 kW foi de 42,5% e 35,8%, respetivamente. Verificou-se que a carga auxiliar do sistema tem grande influência no desempenho global do sistema, especialmente a baixa potência de saída. O consumo de combustível registado foi de 13slm a 1kW e a eficiência de utilização do combustível foi estimada em cerca de 99%. Foi efectuada uma análise do arranque a frio e descrita com base nos dados de saída. Durante os primeiros minutos de funcionamento, o sistema necessitou de energia adicional para aquecer a pilha de células de combustível. A análise da transição centrou-se na capacidade do sistema para fornecer energia em caso de falha súbita. O sistema estava a funcionar bem com as baterias, uma vez que a pilha de combustível necessitava de cerca de 15 segundos para estar pronta a assumir completamente a procura de energia. A fiabilidade e a disponibilidade foram avaliadas em 96,8% e 79,9%, respetivamente. É de salientar que, devido às limitações de tempo e orçamento, não foi possível determinar completamente o desempenho do sistema durante alguns dos cenários de falha e o funcionamento sob diferentes cargas.

Michael James Ogburn [16] A Equipa de Veículos Eléctricos Híbridos da Virginia Tech foi bem sucedida na sua tentativa de converter um sedan de 5 passageiros num Veículo Elétrico Híbrido de Célula de Combustível. O teste do sistema de célula de combustível e dos componentes do veículo produziu dados que foram usados para determinar a eficiência geral do sistema de célula de combustível, o fluxo de energia do veículo e o uso de combustível. Uma célula de combustível de 20 kW pode ser usada numa configuração híbrida em série para obter um bom desempenho de um sedan de tamanho médio, como um Chevrolet Lumina. Este sistema proporciona caraterísticas de desempenho, como a aceleração, a manobrabilidade e a aceitabilidade do consumidor, que satisfazem ou excedem as do veículo de série. Embora o volume do sistema de armazenamento de combustível de hidrogénio comprimido limite a autonomia de condução, outras tecnologias avançadas de armazenamento de combustível estão a melhorar rapidamente. Em breve, estes sistemas de armazenamento e distribuição de combustível de hidrogénio serão suficientemente pequenos para integrar o seu volume na conceção do veículo, de modo a proporcionar uma autonomia adequada num sedan de tamanho médio. A conversão de um veículo convencional existente e as limitações das regras do Future Car Challenge impedem grandes reduções de massa necessárias para melhorar a eficiência energética do veículo. A economia de combustível estimada após a introdução de melhorias no sistema do FC-HEV da Virginia Tech é de cerca de 45 milhas por galão de energia equivalente a gasolina ou quase o dobro (2X) do veículo de reserva. Para atingir o objetivo de 3X do PNGV, é necessário que as novas tecnologias do veículo sejam concebidas desde o início. O atual modelo movido a hidrogénio é um veículo com emissões zero no tubo de escape, mas a fonte de hidrogénio e a infraestrutura de reabastecimento devem ser investigadas para determinar o efeito global no ambiente e nas emissões de gases com efeito de estufa. Os dados dos ensaios validaram o novo modelo de sistema de pilha de combustível ADVISOR. O teste do sistema de células de combustível e dos componentes do veículo produziu dados que foram utilizados para determinar a eficiência global do sistema de células de combustível, o fluxo de energia do veículo e o consumo de combustível. Usando esses dados, um modelo do VT FC-HEV foi incorporado ao ADVISOR. Este modelo incluiu um modelo de partilha de energia para determinar a partilha de carga entre a pilha de combustível e o sistema de armazenamento de energia para uma determinada procura de energia do veículo, representando com precisão o desempenho do veículo durante os testes no mundo real. A comparação com os dados de teste do veículo mostra que a produção total de energia do sistema de células de combustível, a utilização total de energia do sistema de armazenamento de energia do veículo e a utilização total de energia eléctrica do veículo estão de acordo com 10% em todos os casos. O erro entre a economia de combustível medida e prevista foi de 1% no ciclo de condução em cidade e de 6% no ciclo de condução em autoestrada.

R.B. Durairaja, et al. [17] O mundo tem liderado a procura de combustíveis derivados do petróleo. Os combustíveis fósseis são obtidos a partir de reservas limitadas. Estas reservas finitas estão altamente concentradas em determinadas regiões do mundo. Por conseguinte, os países que não dispõem destes recursos estão a enfrentar uma crise energética e cambial, principalmente devido à importação de petróleo bruto. Por isso, é necessário procurar combustíveis alternativos que possam ser produzidos a partir de recursos disponíveis localmente no país, como o álcool, o biodiesel, os óleos vegetais, etc. Este trabalho centra-se na produção e caraterização de biodiesel e pode ser auxiliado com o gás oxi-hidrogénio que pode ser produzido pelo processo de eletrólise da água. Este gás oxi-hidrogénio foi pré-aquecido com a ajuda do calor residual recuperado do escape do automóvel. A utilização de biodiesel alimentado a água em motores convencionais resulta numa redução substancial das emissões de hidrocarbonetos não queimados, monóxido de carbono e partículas. Além disso, este pré-aquecimento do ar melhora a eficiência térmica e reduz a vibração do motor.

Capítulo 3

FORMULAÇÃO DE PROBLEMAS

3.1 Formulação do problema

3.1.1 HHO no motor de combustão interna

No que diz respeito à dopagem dos combustíveis gasosos com hidrogénio, um aditivo como o gás de Brown, o gás HHO, é uma solução interessante. O gás de Brown é obtido através da eletrólise da água. Como resultado, a água é dividida em átomos de hidrogénio e oxigénio, que constituem uma mistura homogénea, ou seja, o gás de Brown. É possível alimentar motores de combustão interna apenas com gás HHO. No entanto, tendo em conta a sua produção limitada, bem como a grande quantidade de energia necessária para dividir a água, parece razoável utilizar o gás HHO para dopar o combustível gasoso. A tecnologia de geração de gás HHO é designada por "produção a pedido", o que significa que o gás é gerado na quantidade necessária para dopar o combustível principal que alimenta o motor e que o hidrogénio não é armazenado. A produção de gás começa quando o motor é acionado e termina quando é desligado. Uma das vantagens desta tecnologia é o facto de o gás não ser armazenado em lado nenhum, o que minimiza o risco de explosão. Seria demasiado perigoso armazenar o gás, uma vez que este transporta energias elevadas e entra em combustão de forma fácil e violenta, produzindo muita energia. Neste método de produção, todo o gás derivado é entregue ao coletor de admissão do motor, misturando-se aí com o ar, e o gás HHO "puro" está presente apenas na mangueira que liga o coletor e o gerador. A reação de combustão da mistura hidrogénio-ar é apresentada pela equação:-

$$\mathbf{H_2 + 1/2\ O_2 \rightarrow H_2O\ \Delta H += -241.86\ kj/mol\ (H_2O)}$$

Atualmente, no mundo, o petróleo continua a ser a maior fonte de energia consumida, o que significa que continuaremos a esgotar este combustível fóssil até ao seu esgotamento e à ocorrência de uma crise energética mundial, se não começarmos já. A única forma de evitar a crise do petróleo é investir em energia de fontes alternativas e reduzir lentamente a nossa dependência do petróleo. A dada altura, no futuro, não será possível recuperar as últimas quantidades de petróleo sem ter de gastar mais do que o seu valor. Se, nessa altura, não dispusermos de fontes alternativas de energia renovável, o mundo poderá assistir a uma grave crise energética. Poderão ser necessários anos para mudar dos combustíveis fósseis para outras fontes de energia, outras fontes que sejam amigas do planeta e que possam ser sustentadas a longo prazo. Se não começarmos agora, podemos ficar sem petróleo antes de conseguirmos utilizar estas fontes de energia em grande escala. Isto poderia despoletar uma crise energética de grandes proporções. Os preços do petróleo poderão aumentar escandalosamente e, mesmo assim, poderá escassear devido à acumulação. Muitas pessoas terão de

reduzir ou deixar de consumir energia. Existe também a possibilidade de racionamento. Não é necessário que nada disto aconteça, porque existem muitas fontes de energia que podem ser utilizadas atualmente em vez do petróleo e de outros combustíveis fósseis. É importante que estas fontes sejam desenvolvidas e aperfeiçoadas para eliminar qualquer hipótese de uma futura crise energética mundial.

A pesquisa bibliográfica revela que foi realizado um grande número de trabalhos no domínio do hidrogénio como combustível alternativo para automóveis. O hidrogénio (H2) é um combustível alternativo potencialmente isento de emissões que pode ser produzido a partir de recursos domésticos. Embora não seja muito utilizado hoje em dia como combustível para transportes, a investigação e o desenvolvimento do governo e da indústria estão a trabalhar para atingir o objetivo de uma produção de hidrogénio limpa, económica e segura e de veículos com células de combustível de hidrogénio. O hidrogénio é o elemento mais simples e mais abundante do universo. A temperaturas e pressões à superfície da Terra, é um gás incolor e inodoro (H2). No entanto, o hidrogénio raramente se encontra sozinho na natureza. Normalmente está ligado a outros elementos. Muito pouco hidrogénio gasoso está presente na atmosfera da Terra. O hidrogénio está contido em enormes quantidades na água (H2O), nos hidrocarbonetos (como o metano, CH4) e noutras matérias orgânicas. Produzir hidrogénio de forma eficiente a partir destes compostos é um dos desafios da utilização do hidrogénio como combustível. A energia em 1 quilograma de hidrogénio gasoso é aproximadamente a mesma que a energia em 1 galão de gasolina. Dado que o hidrogénio tem uma baixa densidade de energia volumétrica, é importante que um veículo a pilhas de combustível armazene combustível suficiente a bordo para ter uma autonomia de condução comparável à dos veículos convencionais. Estão disponíveis algumas tecnologias de armazenamento de hidrogénio, que estão a ser objeto de mais investigação e demonstração. Estas tecnologias incluem a compressão do hidrogénio gasoso em tanques de alta pressão até 10.000 libras por polegada quadrada e o arrefecimento criogénico do hidrogénio líquido a -423°F (-253°C) em tanques isolados.

A partir da pesquisa bibliográfica, concluiu-se que o HHO é composto por dois elementos distintos da água, consistindo em dois átomos de hidrogénio (H) e um átomo de oxigénio (O), pelo que o H2O se transforma em HHO. O elemento mais abundante no Universo conhecido é o Hidrogénio, que é a parte volátil deste fantástico combustível. O oxigénio não arde, mas apoia a combustão. A tecnologia utilizada para extrair os dois elementos da água é conhecida como Eletrólise. A eletrólise da água tem sido utilizada para experiências e outros processos industriais há mais de cem anos. Os sistemas de combustível HHO utilizados atualmente são utilizados principalmente como combustível suplementar e não como substituto da gasolina. O eletrolisador, um dispositivo de produção de HHO, é ligado à entrada de ar do motor por uma mangueira e o HHO é misturado com o ar e a gasolina à medida que é aspirado para a câmara de combustão. O projeto é considerado um sistema a pedido, o que significa que o combustível HHO é produzido apenas quando é necessário, não tendo depósito de armazenamento e parando quando a chave de ignição é desligada. A quilometragem do combustível aumenta porque a gasolina queima mais completamente, produzindo emissões de escape mais limpas, e pode poupar dinheiro em custos de combustível e ajudar o ambiente ao reduzir a poluição atmosférica.

3.2 Objetivo do estudo

Os objectivos básicos do presente trabalho são os seguintes:

- Investigar o consumo de combustível do motor com a adição da célula de combustível de água.
- Estudar os gases de escape e o seu efeito no ambiente.
- Estudar as melhores combinações de factores (corrente e tensão) para obter uma boa propriedade de resistência ao desgaste da célula de combustível.

Capítulo 4

CONCEPÇÃO EXPERIMENTAL E EXPERIMENTAÇÃO

4.1 Introdução

Este capítulo descreve o motor a gasóleo utilizado para a experimentação. O banco de ensaio foi desenvolvido internamente com todos os instrumentos necessários para a realização da experimentação. A Fig. 4.2 mostra a vista geral do banco de ensaio, juntamente com os instrumentos utilizados nas presentes investigações. O diagrama esquemático da instalação experimental, juntamente com toda a instrumentação, é mostrado na Fig. 4.3 As descrições pormenorizadas do motor são discutidas abaixo. Este motor, juntamente com o grupo eletrogéneo, é amplamente utilizado no país, sobretudo para fins agrícolas e para muitos fins comerciais de pequena e média escala. Além disso, o equipamento de teste experimental é fácil de desenvolver e requer menos manutenção. Assim, foi escolhido um sistema deste tipo para examinar a utilidade prática do biodiesel em tais aplicações.

4.1.1 Processo de Eletrólise de H2O

Uma fonte de energia eléctrica é ligada a dois eléctrodos, ou duas placas de aço inoxidável M316, que são colocadas na água. O hidrogénio aparecerá no cátodo (o elétrodo com carga negativa) e o oxigénio aparecerá no ânodo (o elétrodo com carga positiva). De acordo com a eficiência faradaica, a quantidade de hidrogénio gerado é o dobro do número de moles de oxigénio, e ambos são proporcionais à carga eléctrica total conduzida pela solução.

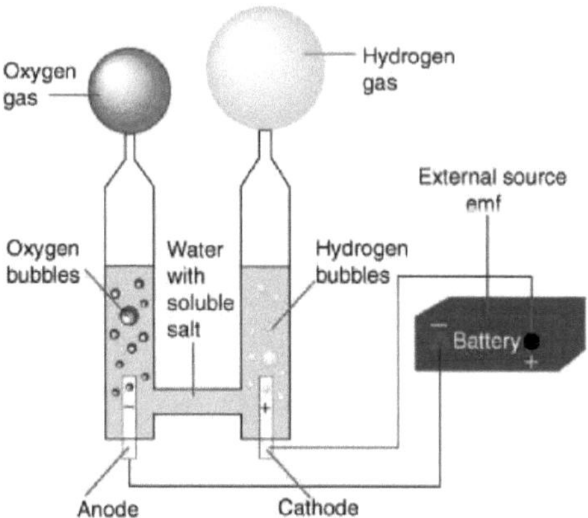

Figura 4.1 Processo de eletrólise

Na água pura, no cátodo carregado negativamente, ocorre uma reação de redução, com os electrões (e^-) do cátodo a serem dados aos catiões de hidrogénio para formar hidrogénio gasoso (a meia reação equilibrada com ácido):

Redução no cátodo: $2 H^+ (aq) + 2e^- \rightarrow H2 (g)$

No ânodo carregado positivamente, ocorre uma reação de oxidação, gerando gás oxigénio e dando electrões ao ânodo para completar o circuito:

Ânodo (oxidação): $2 H2O (l) \rightarrow O2 (g) + 4 H^+ (aq) + 4e^-$

4.2 DESCRIÇÃO DO MOTOR

O motor diesel selecionado para a experimentação é da marca Kirloskar Oil Engines Limited, Índia. Trata-se de um motor diesel monocilíndrico, a 4 tempos, arrefecido a água, com uma potência nominal de 5 cv. O motor de injeção direta CI foi concebido para a combustão de gasóleo de petróleo. O injetor de combustível está localizado perto do centro da câmara de combustão. O equipamento de ensaio do motor a gasóleo monocilíndrico é constituído por uma máquina geradora acoplada a uma célula de carga e é utilizado para carregar o motor. O arranque do motor é efectuado por arranque manual com a ajuda de um manípulo destacável do tipo lingueta. O combustível é fornecido ao motor a partir do depósito de combustível através do filtro de combustível após a medição do combustível com uma bureta. A pressão e a temperatura do ar fornecido ao motor também são medidas. A rotação é feita no sentido dos ponteiros do relógio em direção ao volante do motor. Está montado um regulador centrífugo para manter a velocidade constante. O motor está corretamente equilibrado e o volante está equilibrado estaticamente para o bom funcionamento do trabalho experimental. A Tabela 4.1 apresenta as especificações do motor diesel utilizado na experiência.

Figura 4.2 Instalação de ensaio com todo o equipamento

1. Motor
2. Indicador de temperatura

3. Indicador de tensão e corrente
4. Célula de carga
5. Medição do consumo de combustível
6. Medição do caudal de ar
7. Análise das emissões
8. Gerador

Engine manufacturer	Kirloskar Oil Engines Limited, India
Engine type	Vertical, 4stroke, Single cylinder, DI
Cooling	Water cooled
Dynamometer	Eddy current dynamometer
Rated power	3.7 kw at 1500 rpm
Horse power	6.5
Bore/Stroke	80/110 (mm)
Compression Ratio	16.5:1
Injection pressure	200kg/cm2
Volts	240
Amps	17.5
Engine weight (kg)	175

Quadro 4.1 Especificações do equipamento de ensaio

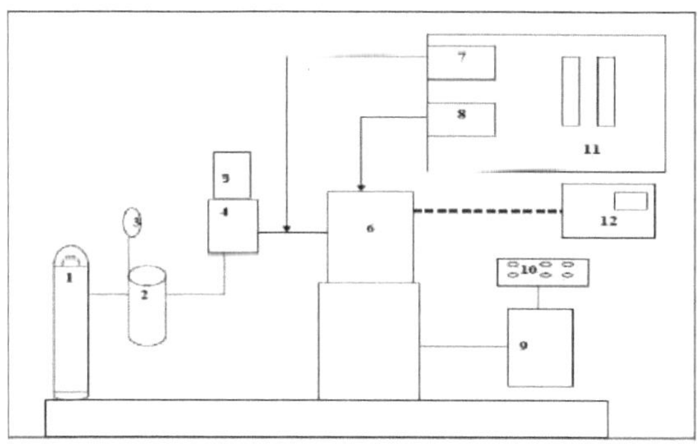

Figura 4.3 Disposição esquemática do banco de ensaio (diagrama de blocos)

1. Fonte de energia6 . Motor Diesel
2. Gerador de HHO7 . Tanque de ar comprimido
3. Regulador de pressão8 . Gerador

4. Medidor rotativo9 . Célula de carga

5. Válvula de segurança10 .Painel de controlo

4.3 Seleção da pilha de combustível de água

A pilha de combustível de água é uma célula que separa cada partícula de água (molécula) num arranjo diferente: dois "H+H" para Hidrogénio, ligados entre si, mais um "O" para Oxigénio. Esta combinação, no seu estado gasoso, é designada por HHO. O gás HHO é obtido através da eletrólise da água, processo a que se chama eletrólise. Como resultado, a água é dividida em átomos de hidrogénio e oxigénio. A tecnologia de produção de gás HHO é designada por "produção a pedido", o que significa que o gás é produzido na quantidade necessária para abastecer o combustível principal que alimenta o motor e que o hidrogénio não é armazenado. A produção de gás começa quando o motor é acionado e termina quando é desligado. Uma das vantagens desta tecnologia é o facto de o gás não ser armazenado em lado nenhum, o que minimiza o risco de explosão. Seria demasiado perigoso armazenar o gás, uma vez que este transporta energias elevadas e entra em combustão de forma fácil e violenta, produzindo muita energia. Neste método de produção, todo o gás derivado é entregue ao coletor de admissão do motor, misturando-se aí com o ar, e o gás HHO "puro" está presente apenas na mangueira que liga o coletor e o gerador.

Figura 4.3 Célula de combustível de água (aço inoxidável)

4.3.1 Seleção do material do elétrodo

O problema em estudo está relacionado com a corrosão do elétrodo -Ve & +Ve. O material adequado para o elétrodo é o aço inoxidável. O aço inoxidável, também conhecido como aço inox ou inox do francês "*inoxydable*", é definido como uma liga de aço com um teor mínimo de crómio de 10,5 a

11% em massa. O aço inoxidável não corrói, enferruja ou mancha facilmente com a água, como acontece com o aço normal, mas, apesar do nome, não é totalmente à prova de manchas, sobretudo em ambientes com baixo teor de oxigénio, elevada salinidade ou má circulação. Também é designado por aço resistente à corrosão ou CRES quando o tipo de liga e o grau não são pormenorizados, particularmente na indústria aeronáutica. Existem diferentes graus e acabamentos de superfície de aço inoxidável para se adaptarem ao ambiente que a liga deve suportar. O aço inoxidável é utilizado quando são necessárias as propriedades do aço e a resistência à corrosão. O aço inoxidável distingue-se do aço-carbono pela quantidade de crómio presente. O aço-carbono não protegido enferruja rapidamente quando exposto ao ar e à humidade. Esta película de óxido de ferro (a ferrugem) é ativa e acelera a corrosão formando mais óxido de ferro e, devido ao tamanho diferente das moléculas de ferro e de óxido de ferro (o óxido de ferro é maior), estas tendem a descamar e a cair. Os aços inoxidáveis contêm crómio suficiente para formar uma película passiva de óxido de crómio, que evita a corrosão da superfície e impede que a corrosão se propague para a estrutura interna do metal e, devido ao tamanho semelhante das moléculas de aço e de óxido, estas ligam-se muito fortemente e permanecem ligadas à superfície.

4.3.2 Seleção da fonte de energia para a pilha de combustível de água

A fonte de energia é um elemento essencial para a eletrólise da água. Para o efeito, é utilizada uma bateria de 12V 90ah. Nesta experiência, a corrente é constante. Para este efeito, uma fonte de alimentação regulada é uma fonte que controla a tensão ou a corrente de saída para um valor específico; o valor controlado é mantido praticamente constante apesar das variações da corrente de carga ou da tensão fornecida pela fonte de energia da fonte de alimentação. Cada fonte de alimentação deve obter a energia que fornece à sua carga, bem como qualquer energia que consome enquanto executa essa tarefa, a partir de uma fonte de energia.

4.3.3 Os atributos da fonte de alimentação normalmente especificados incluem:

- A quantidade de tensão e corrente que pode fornecer à sua carga.
- A estabilidade da sua tensão ou corrente de saída em condições variáveis de linha e de carga.
- Quanto tempo pode fornecer energia sem reabastecimento ou recarga.

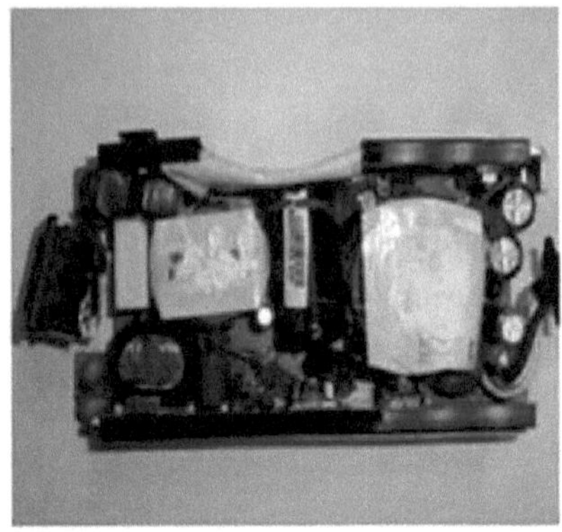

Figura 4.4 Fonte de alimentação CC-CC

4.4 Instrumentos utilizados no trabalho experimental

Os vários instrumentos que são utilizados para medir os diferentes parâmetros para estudar as caraterísticas de emissão e desempenho do motor diesel são discutidos neste ponto.

4.4.1 Medição da temperatura

A temperatura da mistura de admissão e dos gases de escape é medida utilizando um termopar do tipo K com um seletor de 6 canais e um medidor de painel digital, como indicado na figura 4.5. Um termopar consiste em dois condutores de materiais diferentes (normalmente ligas metálicas) que produzem uma tensão na vizinhança do ponto em que os dois condutores estão em contacto. A tensão produzida depende, mas não é necessariamente proporcional, da diferença de temperatura da junção com outras partes desses condutores. Os termopares são um tipo de sensor de temperatura muito utilizado para medição e controlo. Os termopares comerciais são baratos, intercambiáveis, são fornecidos com conectores padrão e podem medir uma ampla gama de temperaturas.

Figura 4.5 Indicador de temperatura

4.4.2 Medição da velocidade

A velocidade do motor é medida utilizando o tacómetro, como mostra a figura 4.6. Um tacómetro (contador de rotações, medidor de RPM) é um instrumento que mede a velocidade de rotação de um eixo. O dispositivo apresenta as rotações por minuto (RPM) num visor digital calibrado. Mede a velocidade de rotação através de um feixe de luz vermelha visível proveniente de um LED potente. É uma óptima ferramenta para medir as RPM de motores e peças de máquinas. Para efetuar a medição, aplicamos uma marca reflectora (incluída na embalagem) no objeto alvo, apontamos o raio laser para a marca e as RPM são apresentadas no ecrã LCD.

Figura 4.6 Medição da velocidade por tacómetro digital

4.4.3 Medição do consumo de combustível e do caudal de ar

A medição do consumo de combustível e do caudal de ar é muito importante, uma vez que o desempenho do motor só pode ser medido com precisão depois de se conhecer o combustível consumido. A Figura 4.7 mostra o método utilizado para medir o consumo de combustível.

Figura 4.7 Medição do consumo volumétrico de combustível

Os dois tipos básicos de métodos de medição do combustível são o tipo volumétrico e o tipo gravimétrico. O método mais simples de medição do consumo volumétrico de combustível é o tipo volumétrico, utilizando uma bureta de volume conhecido e fazendo-lhe marcações. O tempo que o motor demora a consumir este volume conhecido é medido com um cronómetro. O volume dividido pelo tempo dá o caudal volumétrico. O tempo necessário para consumir 10 cm^3 do combustível é medido e utilizado para análise posterior.

A figura 4.8 mostra o método utilizado para medir o caudal de ar volúmico. Mede-se também a diferença de pressão entre a pressão atmosférica e o ar de admissão ao motor.

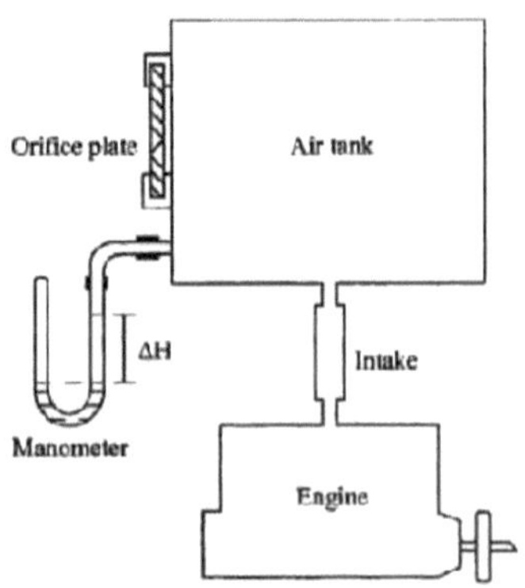

Figura 4.8 Medições do caudal de ar

4.4.4 Medições da potência de travagem

Um dinamómetro, ou "dyno", é um dispositivo para medir a força, o momento de força (binário) ou a potência. Por exemplo, a potência produzida por um motor, motor ou outro motor principal rotativo pode ser calculada medindo simultaneamente o binário e a velocidade de rotação (RPM). Um dinamómetro também pode ser utilizado para determinar o binário e a potência necessários para fazer funcionar uma máquina acionada, como uma bomba. Os dinamómetros podem ser classificados em dois tipos principais: dinamómetros de absorção de potência e dinamómetros de transmissão. O princípio básico de um dinamómetro é que o rotor acionado pelo motor em ensaio é acoplado eléctrica, hidráulica ou magneticamente a um estator. Por cada rotação do veio, a periferia do rotor desloca-se numa distância $2\pi r$ contra a força de acoplamento F. Assim, o trabalho realizado por rotação é: $W = 2\pi RF$

Figura 4.9 Grupo eletrogéneo acoplado ao motor

No caso de um dinamómetro de motor, a potência é medida no volante do motor. Com um dinamómetro de chassis ou de estrada, a potência é medida nas rodas motrizes. Isto tem em conta a perda significativa de potência através da unidade de tração.

Além disso, a alimentação deste grupo eletrogéneo é fornecida a uma célula de carga eléctrica que contém 5 tubos de aquecimento de 500 watts cada, como mostra a figura 4.9. Estes tubos podem ser ligados para aplicar uma carga no motor até 2500 W. Contém também a unidade de visualização que mostra as leituras de tensão e de corrente que mudam em função da carga aplicada.

Figura 4.10 Célula de carga eléctrica e unidade de visualização

4.4.5 Medição das emissões de gases de escape

As substâncias que são emitidas para a atmosfera pela porta de escape do motor são designadas por emissões de escape. Se a combustão for completa e a mistura for estequiométrica, os produtos da combustão consistirão apenas em dióxido de carbono (CO2) e vapor de água. A figura 4.11 mostra a disposição esquemática da medição das emissões de escape.

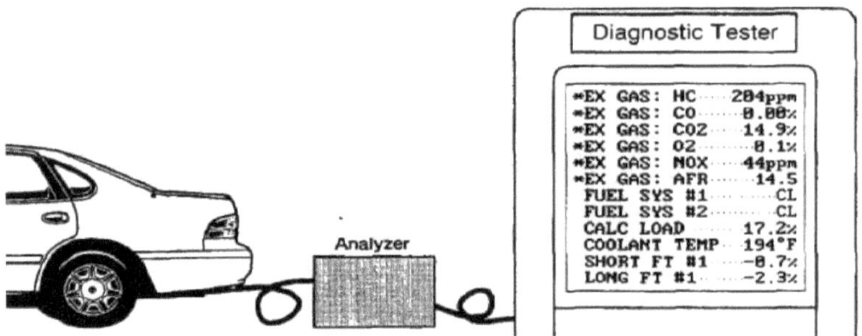

Figura 4.11 Esquema da medição das emissões de gases de escape

4.4.6 Análise das emissões de gases de escape

As substâncias que são emitidas para a atmosfera a partir da porta de escape são designadas por emissões de escape. Os gases de escape são constituídos por uma variedade de componentes, sendo os mais importantes o CO, o CO2, os UBHC, os NOX e os fumos. Para a análise das emissões de escape, foi utilizado o analisador Neptune Multigas. Este analisador mede as emissões de CO e UBHC. Para medir os fumos, foi utilizado o medidor de opacidade (fumos) OPAX. Este instrumento fornece a leitura dos fumos em termos de percentagem de opacidade. As Fig. 4.12 e Fig. 4.13 mostram ambos os instrumentos.

Figura 4.12 Analisador de gases de escape

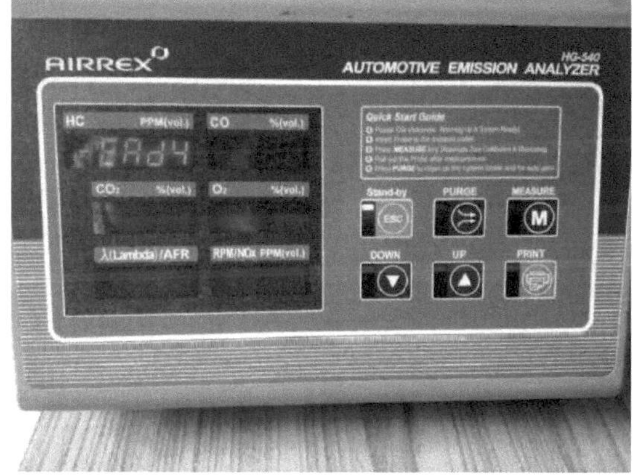

Figura 4.13 Medidor de fumo

No analisador de gases, é efectuado um método de separação dos constituintes individuais de uma mistura e, em seguida, um método para assegurar a sua concentração. Após a separação, cada composto pode ser analisado separadamente quanto à concentração. Este é o único método através do qual cada componente existente numa amostra de gases de escape pode ser identificado e analisado.

4.4.7 Um multímetro, também conhecido como VOM (Volt-Ohm meter), é um instrumento de medição eletrónico que combina várias funções de medição numa só unidade. Um multímetro típico pode incluir caraterísticas como a capacidade de medir tensão, corrente e resistência. Um multímetro pode ser um dispositivo portátil útil para a deteção básica de avarias e trabalho de assistência no terreno ou um instrumento de bancada que pode medir com um grau de precisão muito elevado.

Figura 4.14 Multímetro com sondas

Um multímetro pode utilizar uma variedade de sondas de teste para ligar ao circuito ou dispositivo em teste. Clipes de crocodilo, clipes de gancho retrácteis e sondas pontiagudas são os três acessórios mais comuns. As sondas de pinça são utilizadas para pontos de teste muito espaçados, como nos dispositivos de montagem em superfície. Os conectores são ligados a cabos flexíveis, com isolamento espesso, que são terminados com conectores apropriados para o medidor.

4.4.8 Medidor de caudal de pressão ou medidor rotativo

O Rota-meter consiste num tubo de vidro (ou plástico) orientado verticalmente com uma extremidade maior no topo e um flutuador de medição que se move livremente dentro do tubo. O fluxo de fluido faz com que o flutuador suba no tubo, uma vez que o diferencial de pressão ascendente e a flutuabilidade do fluido superam o efeito da gravidade.

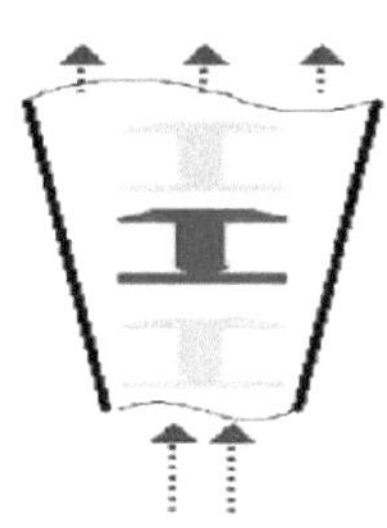

Figura 4.15 Medidor rotativo

O flutuador sobe até que a área anular entre o flutuador e o tubo aumente o suficiente para permitir um estado de equilíbrio dinâmico entre a pressão diferencial ascendente, os factores de flutuabilidade e os factores de gravidade descendente. A altura do flutuador é uma indicação do caudal. O tubo pode ser calibrado e graduado em unidades de caudal adequadas. O próximo capítulo descreve a análise dos resultados obtidos a partir da experimentação em termos de caraterísticas de desempenho e de emissão a diferentes caudais de gás hidrogénio e, em seguida, é encontrado o caudal ótimo de gás acetileno.

Capítulo 5

RESULTADOS E DISCUSSÃO

5.1 Introdução

As experiências mostraram que a tensão de cerca de 12 V e a corrente de cerca de 6 ah eram valores adequados para as várias cargas do motor. A fonte de alimentação foi concebida de acordo com os princípios de funcionamento de um circuito de modulação da largura de impulsos (PWM) baseado no temporizador 555, que tem um corte automático. Os eléctrodos foram feitos de aço inoxidável 316L devido à sua elevada resistência à corrosão. Cada teste foi repetido três vezes e as médias foram consideradas como resultados. Foi utilizado um multímetro para medir a tensão e a corrente de saída, um medidor de caudal (Rota meter) para medir o caudal do gás HHO e um analisador de gases para observar as emissões de escape. A velocidade do motor, a potência de saída, as emissões de SFC, HC e CO foram medidas pelo computador através de um software de registo de dados.

5.2 Variáveis de medição

Para determinar a relação entre os desempenhos de diferentes fluxos de gás e gasóleo, é necessário calcular determinadas caraterísticas. Estas são a potência ao travão (B.P), a eficiência térmica ao travão (B.T.E), o consumo específico de combustível ao travão (B.S.F.C), o consumo específico de energia ao travão (B.S.E.C), a temperatura de escape (Te), a massa de combustível (Mf), a massa de ar que entra na entrada (Ma).

- Velocidade
- Consumo de combustível
- Potência, (calculada a partir da velocidade e do binário)
- Temperatura ambiente
- Temperatura dos gases de escape
- Fluxo de ar de massa
- Análise das emissões

A principal utilização destes dados é confirmar que as condições do motor eram semelhantes para cada mistura de combustível ensaiada, ou dentro de uma gama de cerca de 2%, e que o gasóleo puro é utilizado como referência para todas as misturas. Estes dados podem também ser utilizados para explicar os resultados das emissões e a forma como podem estar relacionados com as alterações das propriedades do combustível. Além disso, as temperaturas de escape são úteis para diagnosticar o comportamento do hidrogénio no motor.

5.3 Caraterísticas de desempenho na adição com gás HHO

O desempenho de um motor é avaliado com base no seguinte:

- Eficiência térmica do travão
- Potência do travão
- Consumo específico de combustível nos travões.
- Consumo específico de energia nos travões
- Temperatura dos gases de escape

1.1.1 Efeito na potência do cavalo-freio (BHP)

Cavalo-vapor (hp) é o nome de várias unidades de medida de potência, a taxa a que o trabalho é efectuado. O fator de conversão mais comum, especialmente para a energia eléctrica, é 1 hp = 746 watts. O termo foi adotado no final do século XVIII pelo engenheiro escocês James Watt para comparar a potência das máquinas a vapor com a potência dos cavalos de tração. A força ou binário é medida com a ajuda de um dinamómetro e a velocidade com um tacómetro. A potência desenvolvida por um motor e medida no veio de saída é designada por Brake Horse Power (BHP). A potência total desenvolvida pela combustão do combustível na câmara de combustão é, no entanto, superior à BHP e designa-se por potência indicada (IHP). Da potência desenvolvida pelo motor, ou seja, IHP, alguma potência é consumida para vencer o atrito entre as peças móveis, alguma no processo de indução do ar e na remoção dos produtos da combustão da câmara de combustão do motor.

$$BHP = (V*I)/880 \ KW$$

Onde V é a tensão e I é a corrente medida.

O gráfico 5.1 mostra a potência de saída do motor (Brake Horse Power) sob as condições de funcionamento de carga variável. O gráfico mostra claramente que a potência do motor aumenta com a quantidade de hidrogénio na mistura de combustível.

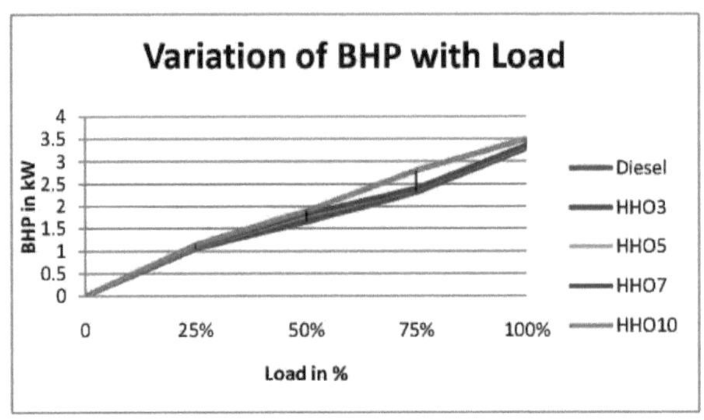

Gráfico 5.1 Variação da potência do cavalo-freio (kW) com a alteração da carga

1.1.2 Efeito na eficiência térmica do travão (η)

O rendimento térmico é a medida da eficiência e da plenitude da combustão do combustível ou, mais especificamente, a relação entre a produção ou o trabalho realizado pela substância ativa no cilindro num determinado momento e a entrada ou a energia térmica do combustível fornecido durante o mesmo tempo. Consideram-se geralmente dois tipos de eficiência térmica para um motor: eficiência térmica indicada e eficiência térmica global. A eficiência térmica também tem em conta a eficiência da combustão, ou seja, o facto de a totalidade da energia química do combustível não ser convertida em energia térmica durante a combustão.

$$\text{Eficiência térmica do travão} = [(BHP*3600)/ (Mf * Cv)] * 100$$

Onde, Cv = Poder calorífico do combustível, kJ/kg, e Mf = Massa de combustível fornecido, kg/seg.

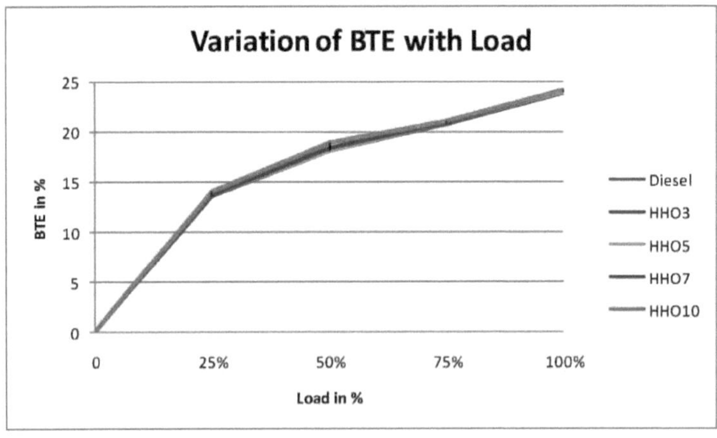

Gráfico 5.2 Variação da eficiência térmica do travão (η) com a variação da carga

O gráfico 5.2 mostra a variação da eficiência térmica do travão (BTE) em função da carga para misturas de gasóleo e de HIDROGÉNIO. A eficiência térmica do travão aumenta com o aumento da percentagem de HIDROGÉNIO. Em condições de carga máxima, as misturas de 3%, 5%, 7% e 10% de hidrogénio produzem uma eficiência térmica do travão 1,9%, 4,1%, 6,2% e 10,4% superior à do diesel, respetivamente. A melhoria deve-se ao aumento do volume constante de combustão e ao maior aumento de moléculas por injeção de combustível, o que leva a uma melhor eficiência de combustão, especialmente a cargas mais elevadas.

1.1.3 Efeito no consumo específico de combustível ao travão (BSFC)

O consumo específico de combustível ao travão é definido como a quantidade de combustível consumida por cada unidade de potência de travagem desenvolvida por hora. É uma indicação clara da eficiência com que o motor desenvolve a potência a partir do combustível.

Consumo específico de combustível no travão (BSFC) = Mf/BHP

Em que Mf = massa de combustível fornecida, kg/seg., e BHP é a potência do cavalo de travagem.

Este parâmetro é amplamente utilizado para comparar o desempenho de diferentes motores.

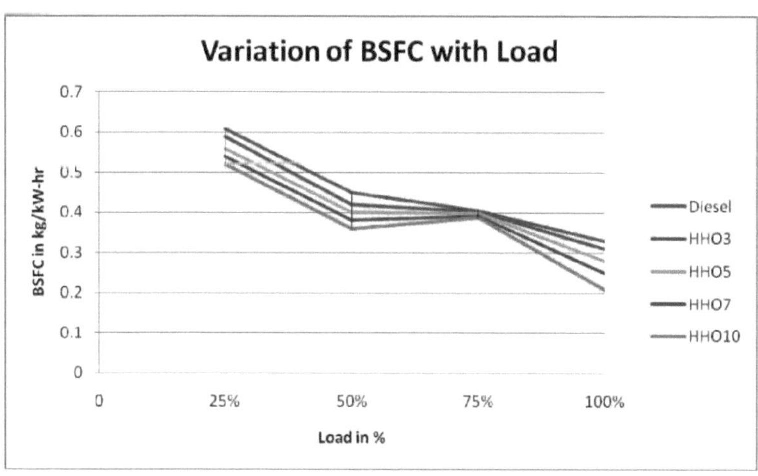

Gráfico 5.3 Variação do consumo específico de combustível no travão (kg/kWHr) com a mudança

de
Carga

A variação da BSFC com a carga para diferentes misturas e cargas é apresentada no gráfico 5.3. Observa-se no gráfico que o BSFC para todas as misturas de combustível testadas diminui com o aumento da carga. Isto deve-se ao aumento percentual mais elevado da potência de travagem com a carga, em comparação com o aumento do consumo de combustível. Conclui-se, portanto, que o combustível é totalmente queimado no momento certo no cilindro do motor. Isto pode dever-se à presença de oxigénio no gás HHO, que permite a combustão completa e o efeito negativo do aumento da viscosidade não se teria iniciado. Isto pode dever-se ao elevado caudal mássico de combustível que entra no motor.

1.1.4 Efeito no consumo específico de energia no travão (BSEC)

O consumo específico de energia do travão é definido como a quantidade de energia consumida por cada unidade de potência de travagem desenvolvida por hora. É a indicação com que a energia é consumida.

Consumo específico de energia na travagem (BSEC) = BSFC*Cv

Em que Cv = valor calorífico do combustível, kJ/kg, e BSFC é o consumo específico de combustível na travagem

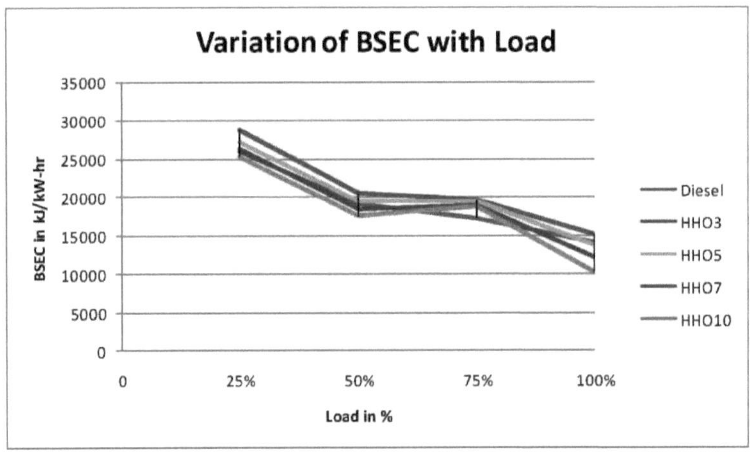

Gráfico 5.5 Variação do consumo específico de energia no freio (Kj/kWhr) com a variação da carga

A variação das CEMF com a carga para diferentes misturas e cargas é apresentada no gráfico 5.4. Observa-se no gráfico que o BSEC para todas as misturas de combustível testadas diminui com o aumento da carga, exceto para o combustível de base a 50% da carga. Isto deve-se ao aumento percentual mais elevado da potência de travagem com a carga, em comparação com o aumento do consumo de combustível. No caso do hidrogénio, a BSEC é ligeiramente superior à do gasóleo.

5.4 Caraterísticas das emissões com gás HHO

Os fumos e outras emissões de gases de escape, como óxidos de azoto, hidrocarbonetos não queimados, etc., são incómodos para o ambiente público. Com a ênfase crescente no controlo da poluição atmosférica, estão a ser envidados todos os esforços para as manter o mais baixo possível. O fumo é uma indicação de combustão incompleta. Limita o rendimento de um motor se o controlo da poluição atmosférica for considerado. As emissões de gases de escape tornaram-se ultimamente uma questão de grande preocupação e, com a aplicação da legislação sobre a poluição atmosférica em muitos países, tornou-se necessário considerá-las como parâmetros de desempenho. Assim, esta rubrica avalia as emissões de fumos e de gases de escape.

5.4.1 Efeito sobre o CO

O gráfico 5.5 mostra as emissões de CO. A exceção para a carga 3 pode dever-se à alteração observada nas propriedades da mistura de combustível. Em geral, o CO diminui à medida que a carga aumenta, e também a quantidade de CO aumenta com a adição de oxigénio. A diminuição do CO mostra a alteração das reacções químicas envolvidas na combustão de um combustível HHO.

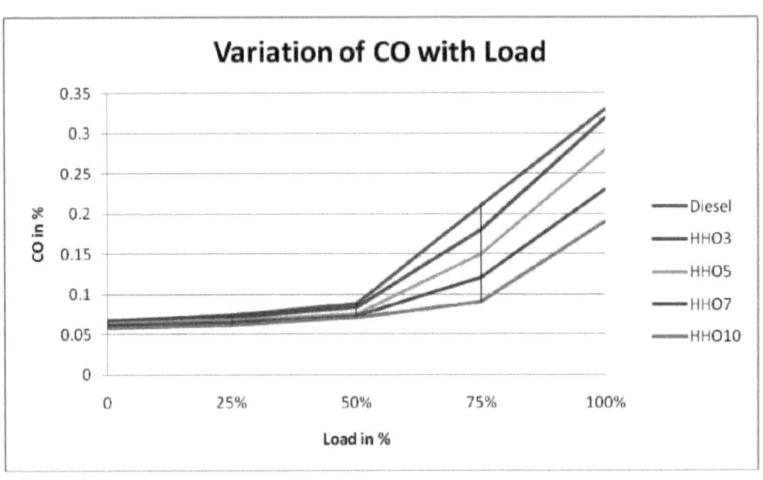

Gráfico 5.5 Variações na % de CO com várias condições de carga

5.4.3 Efeito sobre os HC

Na combustão ideal, o ar mistura-se completamente com o combustível atomizado. A realidade é diferente; existem zonas que são deficientes em oxigénio. No entanto, estas zonas sofrem o aquecimento da combustão, o que leva à decomposição térmica. Esta decomposição pode criar cadeias de hidrocarbonetos com comprimentos mais curtos e HC potencialmente tóxicos. A variação das emissões de HC para diferentes misturas a várias cargas é indicada no gráfico 5.6 O oxigénio transportado pelo combustível ajuda a reduzir as emissões de hidrocarbonetos. medida que a proporção de HHO é aumentada, a redução dos HC aumenta devido ao aumento do DMC na mistura. Como o número de cetano do combustível à base de ésteres é mais elevado do que o do gasóleo, apresenta um período de retardamento mais curto e resulta numa melhor combustão que conduz a baixas emissões de HC.

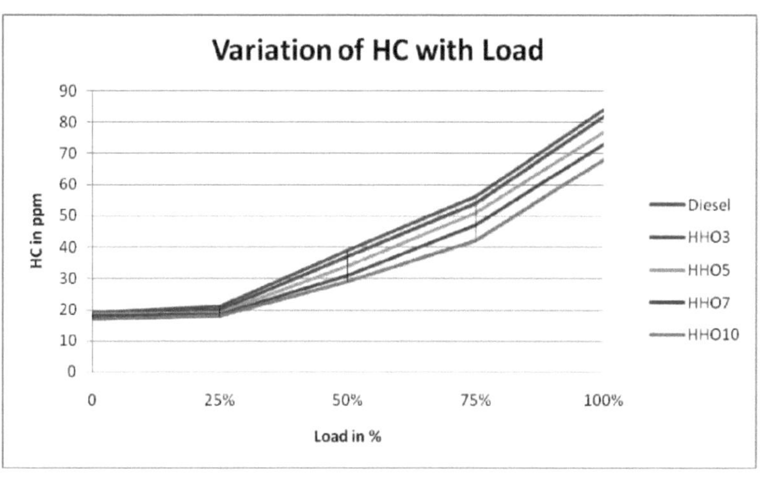

Gráfico 5.6 Variação de HC % em várias condições de carga

5.4.4 Efeito no CO2

A emissão de CO_2 aumentou com o aumento da carga para todas as misturas. O gráfico 5.7 mostra o efeito no CO2 com a alteração das condições de carga. Em geral, a % de CO2 diminui com o aumento da quantidade de hidrogénio e oxigénio no gasóleo. Isto deve-se ao facto de que, com mais oxigénio, o conteúdo de hidrogénio que entra no cilindro para combustão com o combustível ajuda a queimar completamente o combustível e diminui o nível de carbonos não queimados nas emissões. A menor percentagem de misturas de gasóleo emite menos quantidade de CO_2 em comparação com o gasóleo. Isto deve-se ao facto de o gasóleo ser um combustível com baixo teor de oxigénio e ter uma relação carbono elementar/hidrogénio inferior.

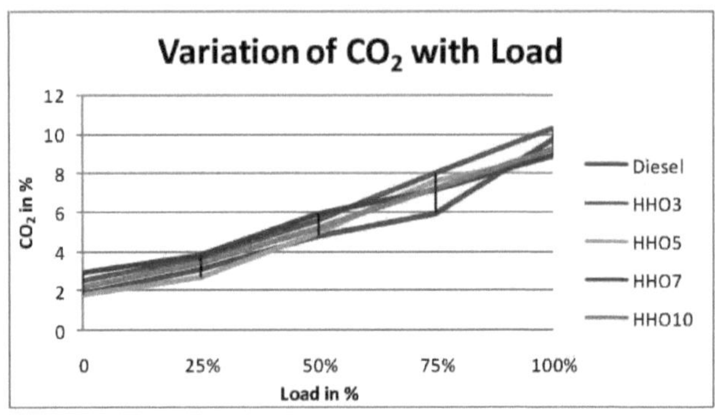

Gráfico 5.7 Variação da % de CO2 em várias condições de carga

5.4.5 Efeito no fumo

As emissões de fumo ou de partículas são motivo de preocupação por razões de saúde, ambientais, legislativas e estéticas. O gráfico 5.8 mostra os níveis típicos de fumo para várias cargas do motor com.

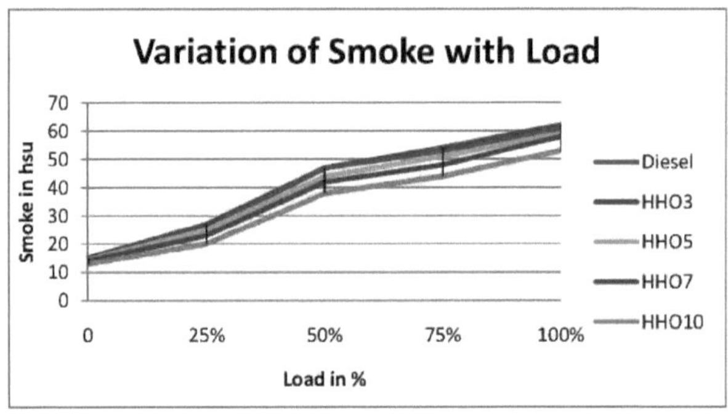

Gráfico 5.8 Variação da % de fumo em várias condições de carga

É possível ver que todas as adições de combustíveis HHO produzem níveis de fumo inferiores aos dos seus homólogos diesel para as condições de carga e velocidade correspondentes. Confirma-se claramente a partir do gráfico que o fumo reduz a quantidade total de fumo e, por uma margem mais significativa, reduz o número total de partículas de carbono.

5.5 Caraterísticas de desempenho na adição com combustível oxigenado DMM O desempenho de

um motor é avaliado com base no seguinte:

> Eficiência térmica do travão
> Potência do travão
> Consumo específico de combustível nos travões.
> Consumo específico de energia nos travões
> Temperatura dos gases de escape

5.5.1 Efeito na potência do cavalo-freio (BHP)

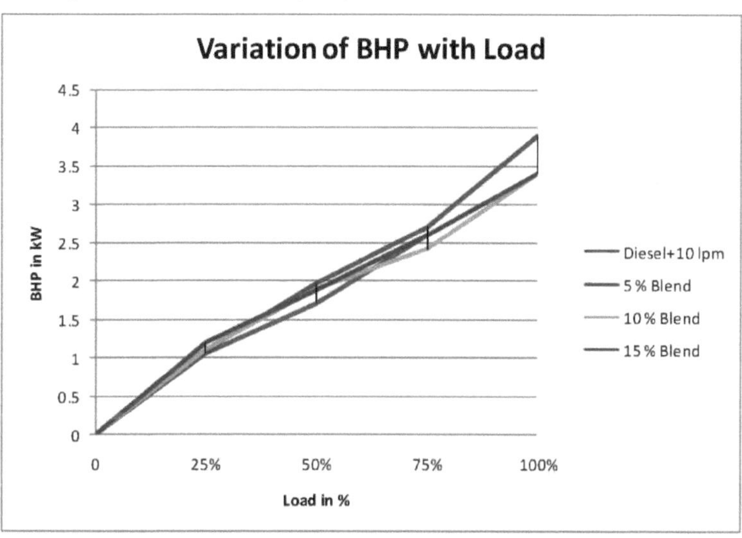

Gráfico 5.9 Variação da potência do cavalo-freio (kW) com a variação da carga

5.5.2 Efeito na eficiência térmica do travão (η)

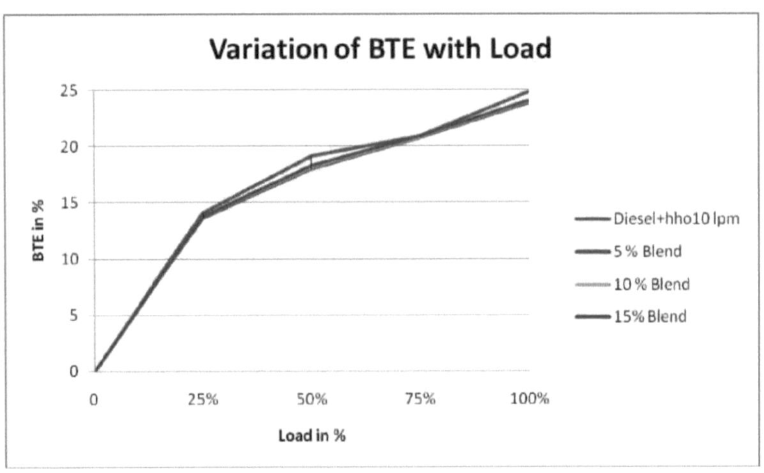

Gráfico 5.10 Variação da eficiência térmica do travão (η) com a variação da carga

5.5.3 Efeito no consumo específico de combustível no travão (BSFC)

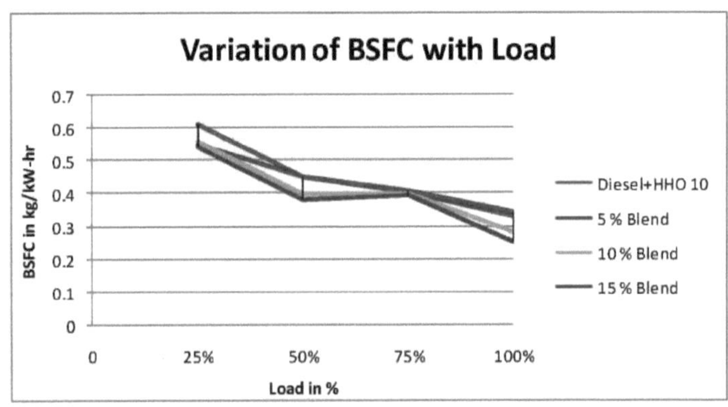

Gráfico 5.11 Variação do consumo específico de combustível ao travão (kg/kWHr) com a variação da carga

5.5.4 Efeito no consumo específico de energia no travão (BSEC)

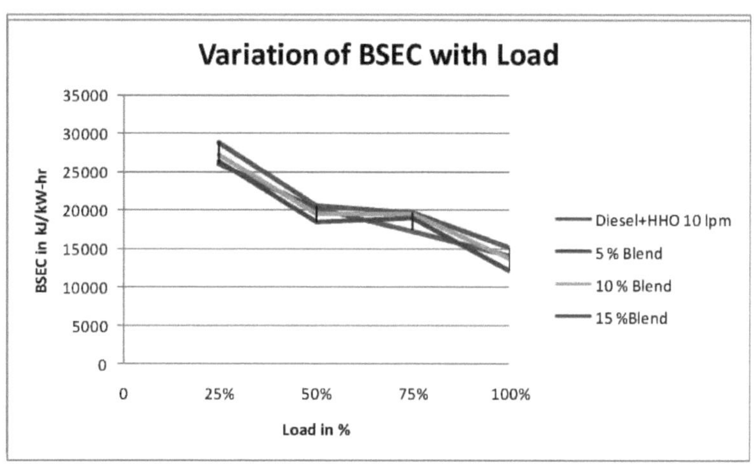

Gráfico 5.12 Variação do consumo específico de energia no freio (Kj/kWhr) com a variação da carga

5.6 Caraterísticas das emissões com adição de combustível oxigenado DMM

5.6.1 Efeito sobre o CO

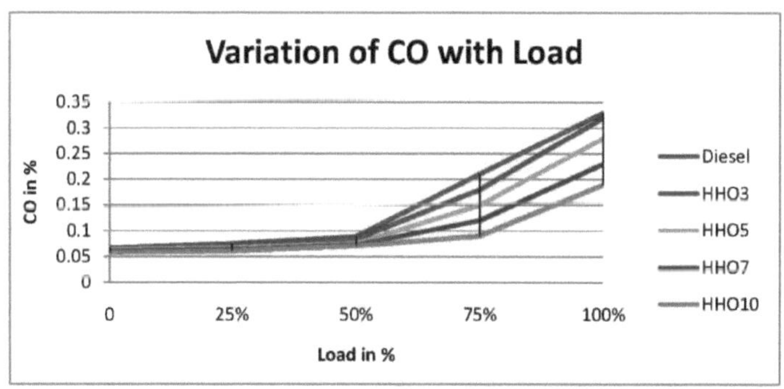

Gráfico 5.13 Variações na % de CO com várias condições de carga

5.6.2 Efeito sobre o HC

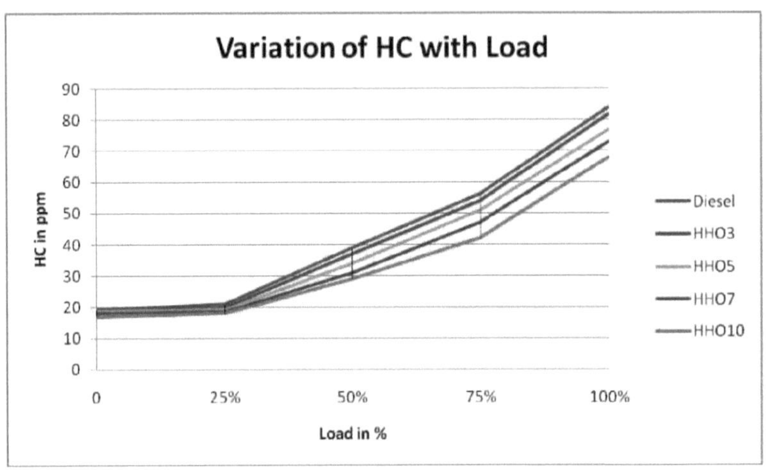

Gráfico 5.14 Variação de HC % em várias condições de carga

5.6.3 Efeito no CO2

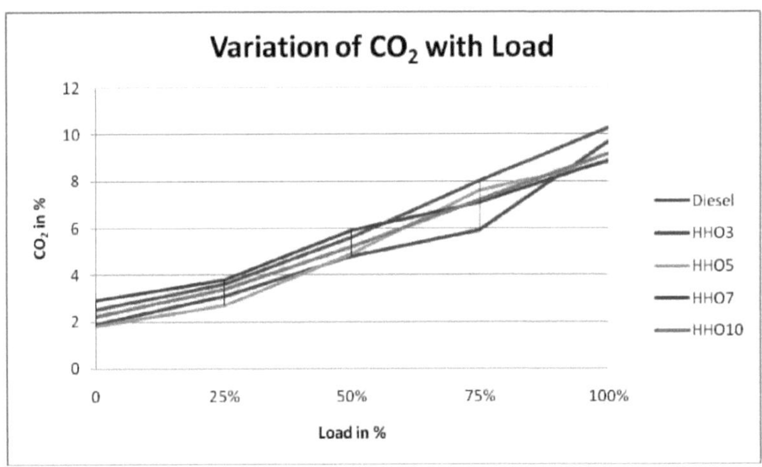

Gráfico 5.15 Variação da % de CO2 em várias condições de carga

5.6.4 Efeito no fumo

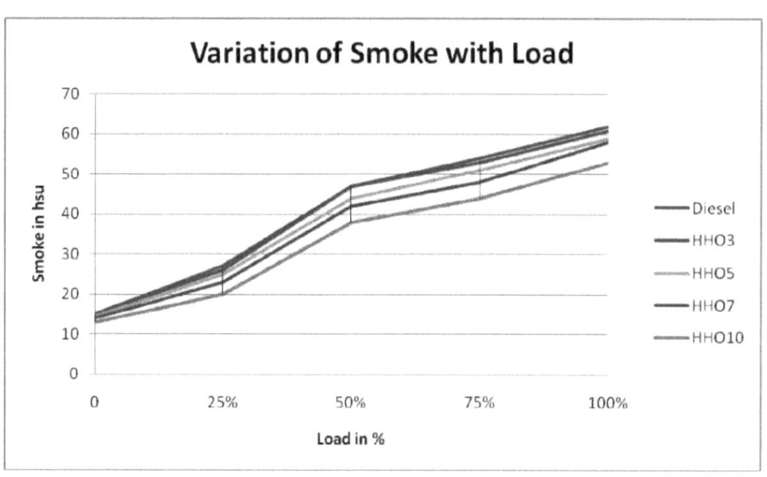

Gráfico 5.16 Variação da % de fumo em várias condições de carga

Capítulo 6

CONCLUSÃO E ÂMBITO FUTURO

6.1 Conclusão

A velocidades médias e elevadas do motor, o sistema HHO com gasóleo produz um binário do motor mais elevado em comparação com o motor a gasóleo puro. A elevada velocidade de combustão e a baixa energia de ignição da mistura HHO minimizam o efeito do enfraquecimento do fluxo de carga no cilindro e do aumento da fração de gás residual que impede que o combustível seja rápida e completamente queimado a altas velocidades. A mistura uniforme e melhorada de HHO estimula a combustão, o que tem um efeito importante no SFC, utilizando um sistema de capacidade adequada.

Foi demonstrado que o dimetoximetano (DMM) reduz as emissões de partículas quando queimado num motor de ignição por compressão. O dimetoximetano é considerado um composto oxigenado que pode ser misturado com ou utilizado como combustível. No entanto, quando se utiliza o DMM como combustível, há alguns desafios que têm de ser ultrapassados para se conseguir um funcionamento ótimo do motor. Estes desafios incluem alterações na quantidade e no tempo de injeção de combustível, bem como a redução das propriedades lubrificantes do combustível nos injectores. Para atender à necessidade de lubrificação nos injectores de combustível, foi teorizado que o DMM poderia ser misturado com gasóleo para manter a qualidade do combustível necessária ao sistema de combustível. No entanto, não se sabe qual é a quantidade mínima de qualidade lubrificante que os injectores de combustível, em particular, podem acomodar e durante quanto tempo.

Os resultados experimentais mostraram que, com a introdução de uma mistura de 10 lpm de HHO e 5 % de Dimetoximetano (DMM) no gasóleo, a eficiência térmica do travão aumentou 2,2%. No entanto, a adição de H2/O2 para além de 5% não tem um efeito significativo na melhoria do desempenho do motor. Verificou-se que as emissões de HC, CO2, CO e fumo foram reduzidas devido a uma melhor combustão no interior do cilindro ou à presença de mais moléculas de oxigénio para uma melhor combustão do combustível. Este é o melhor resultado da experiência.

6.1.1 O sistema de combustível HHO On-Demand utiliza o sistema elétrico do veículo para produzir Hidrogénio e Oxigénio através de Eletrólise. Esta ação divide as moléculas de água em 2 átomos de Hidrogénio e 1 átomo de Oxigénio (HHO). O hidrogénio e o oxigénio são então injectados na entrada de ar do veículo em tempo real enquanto conduz o seu automóvel. O resultado é uma melhoria drástica do consumo de combustível, um melhor desempenho e emissões de escape substancialmente menores. O sistema hidroxi foi adicionado ao motor sem qualquer modificação. O gás HHO foi gerado no recipiente de aço inoxidável do reator. A corrente positiva carregou positivamente os ânodos que produziram a reação de eletrólise da solução electrolítica e acabaram por libertar oxigénio gasoso e hidrogénio que, por sua vez, surgiram na parte superior do recipiente do reator. A energia eléctrica que alimentou os eléctrodos foi medida e observou-se que o campo de reação foi o principal fator que influenciou a quantidade de gás HHO gerado.

Os resultados desta investigação conduzem às seguintes conclusões:

1. As misturas DMM + HHO + gasóleo podem ser utilizadas para alimentar um motor de ignição por compressão, utilizando um sistema de combustível. O motor funciona de modo semelhante com a mistura DMC+HHO e com o combustível para motores diesel, tal como se verifica nos dados relativos à estabilidade do motor.

2. Existe um número muito limitado de estudos de investigação que avaliaram a utilização de produtos de eletrólise de uma unidade de eletrólise real para melhorar a eficiência do motor. A maior parte destes estudos foram efectuados nos últimos anos e são favoráveis.

3. A combustão de produtos de eletrólise retirados diretamente de uma unidade de eletrólise com condutor comum apresenta propriedades únicas. Uma dessas propriedades é o facto de a temperatura da chama ser relativamente baixa quando queimada no ar. Quando é posta em contacto com um material, a chama reage quase instantaneamente com o material, produzindo temperaturas que provocam a fusão desse material. Verifiquei pessoalmente esta propriedade através das minhas próprias experiências. Esta propriedade fornece uma explicação de como os produtos da eletrólise reagem com os combustíveis de hidrocarbonetos para melhorar a combustão.

4. No processo de utilização de hidrogénio ou de produtos de eletrólise para melhorar a eficiência de um motor de combustão interna, o adjuvante de combustão actua mais como um "catalisador" de combustão do que como um combustível. Esta melhoria da combustão não acrescenta energia ao processo de combustão, mas permite que mais energia do hidrocarboneto combustível seja libertada nos cilindros do motor para produzir trabalho.

5. As análises químicas efectuadas por laboratórios de renome mostram que a composição dos produtos de eletrólise de uma unidade de eletrólise com condutor comum é diferente da do hidrogénio comprimido ou do oxigénio comprimido.

6. Foram realizados estudos que demonstram que a eficiência térmica do motor pode ser aumentada utilizando produtos de eletrólise. A unidade de eletrólise ensaiada também demonstrou gerar produtos de eletrólise que são diferentes do hidrogénio e do oxigénio comprimidos.

7. Foi demonstrado que o DMM reduz as emissões de partículas de um motor diesel DI. Com a adição de oxigénio contido no combustível, estão presentes CO e CO2 adicionais no processo de combustão.

Isto levou a concluir que este nível mais elevado de CO impede a formação de precursores de fuligem na chama pré-misturada, o que reduz a formação de partículas.

8. Com base neste ensaio inicial, não é possível determinar o efeito do DMM na durabilidade do motor. Nenhum dos dados recolhidos sugere que o ensaio do motor tenha degradado o funcionamento do injetor. O motor funcionou durante cerca de 50 horas no total, com um teor de DMM de pelo menos 5% no combustível durante metade desse tempo.

9. O hidrogénio, que tem uma velocidade de chama cerca de nove vezes superior à do gasóleo, tem a capacidade de melhorar a combustão global, gerando um pico de pressão mais elevado próximo do TDC, o que resulta em mais trabalho.

10. As misturas de hidrogénio e de combustíveis oxigenados são as melhores para melhorar o desempenho global de um motor de combustão interna

As conclusões da investigação realizada até agora conduzem a recomendações para trabalhos futuros, a fim de melhorar o funcionamento do motor, através de uma maior separação das variáveis que afectam o desempenho e as emissões do motor.

As conclusões da investigação realizada até agora conduzem a recomendações para trabalhos futuros, a fim de melhorar o funcionamento do motor, através de uma maior separação das variáveis que afectam o desempenho e as emissões do motor.

6.2 Recomendações para investigação futura

Embora tenha sido demonstrado que o DMM + Diesel + HHO pode ser utilizado em combinação com o combustível diesel num motor de ignição por compressão, a mistura de combustível e o funcionamento do motor podem ser optimizados para melhorar as emissões e a durabilidade do motor a longo prazo. Isto envolve vários factores, incluindo o aumento do teor de DMM + gasóleo + HHO na mistura, até ao ponto em que o motor possa ainda produzir uma velocidade e carga aceitáveis, com emissões melhoradas para um tempo de vida aceitável do motor e dos injectores de combustível. Note-se que, uma vez que o combustível está a ser utilizado num motor, existem não só efeitos químicos do combustível e alterações no combustível à medida que a mistura é alterada, mas também efeitos mecânicos do motor, alguns dos quais resultam da alteração das misturas de combustível. Por conseguinte, um estudo mais aprofundado das emissões do motor depende da compreensão dos vários efeitos químicos e mecânicos.

Este trabalho de investigação ajudou a identificar muitos dos efeitos químicos e mecânicos.

As alterações nas misturas de combustível estão relacionadas com alterações nas propriedades da mistura de combustível. Por conseguinte, acima de um determinado nível de mistura, é necessário ajustar o sistema de controlo do motor para obter um melhor atraso da ignição em conjunto com a regulação correta do motor. Para efetuar esta otimização, seria importante saber como se alteram as propriedades do combustível que afectam o atraso da ignição. Além disso, e mais significativamente, a compressibilidade do combustível está a mudar com o aumento do teor de DMM + Diesel + HHO, o que tem uma relação desconhecida com o atraso da ignição. Além disso, as misturas de combustível têm um efeito desconhecido no desgaste do motor e do injetor e na taxa de desgaste, incluindo materiais metálicos e poliméricos.

Printed by Books on Demand GmbH, Norderstedt / Germany